高等职业教育智能建造专业"十四五"系列教材

智能建造概论

主　编　周雨微　周　岚　冯春菊
副主编　王沫涵　李翠华　胡晓敏
　　　　张少坤　罗　荣

南京大学出版社

内容提要

本教材包括三个模块。模块一 绪论包括2个学习单元，分别为建筑概述、智能建造产生背景；模块二 认知全新智能技术包括1个学习单元即智能建造核心技术；模块三 建筑全过程智能建造包括5个学习单元，分别为建筑信息化设计、建筑数字化测量、建筑工业化施工、建筑智能化验收、智慧工地现场管理。

本教材适合高职院校建筑工程技术、智能建造技术、装配式建筑工程技术、工程造价、建设工程管理等专业使用。通过对本书的学习，读者会了解到各类新技术、新工艺、新设备、新材料在建筑工程领域中的应用，并对建筑行业的新业态、新模式有较为深刻的认识。

图书在版编目(CIP)数据

智能建造概论 / 周雨微，周岚，冯春菊主编.
南京：南京大学出版社，2025.8. -- ISBN 978-7-305-29347-4

Ⅰ. TU74-39

中国国家版本馆 CIP 数据核字第 2025QX9208 号

出版发行	南京大学出版社
社　　址	南京市汉口路22号　邮　编　210093
书　　名	**智能建造概论** ZHINENG JIANZAO GAILUN
主　编	周雨微　周岚　冯春菊
责任编辑	朱彦霖　　　　编辑热线　025-83597482
照　　排	南京开卷文化传媒有限公司
印　　刷	南京百花彩色印刷广告制作有限责任公司
开　　本	787 mm×1092 mm　1/16　印张 11.75　字数 301 千
版　　次	2025年8月第1版　2025年8月第1次印刷
ISBN	978-7-305-29347-4
定　　价	39.80元

网　　址：http://www.njupco.com
官方微博：http://weibo.com/njupco
微信服务号：njuyuexue
销售咨询热线：(025)83594756

＊版权所有，侵权必究
＊凡购买南大版图书，如有印装质量问题，请与所购图书销售部门联系调换

前言

党的二十大报告中指出，高质量发展是全面建设社会主义现代化国家的首要任务，建筑业作为国民经济支柱产业，要立足新发展阶段，完整、准确、全面贯彻新发展理念，以推动建筑业高质量发展为主题，以深化供给侧结构性改革为主线，加快转型升级，实现绿色低碳发展。

当前，我国建筑业正经历着深化改革、转型升级和科技跨越同步推进的发展过程。2020年07月03日，住房和城乡建设部等十三部门联合印发《关于推动智能建造与建筑工业化协同发展的指导意见》，指出要以大力发展建筑工业化为载体，以数字化、智能化升级为动力，创新突破相关核心技术，加大智能建造在工程建设各环节应用，形成涵盖科研、设计、生产加工、施工装配、运营等全产业链融合一体的智能建造产业体系。智能建造行业正迎来发展的春天，在可见的未来将从产品形态、建造方式、经营理念、市场形态以及行业管理等方面引发传统建筑业的变革。

本书以智能建造的应用需求为导向，智能建造的专业基础知识和关键技术为主线进行编写，全书共分为3个模块，8个学习单元。模块一为认知建筑建造过程，对建筑发展历史、结构、材料等进行简单的介绍并阐明了智能建造产生的背景；模块二为认知全新智能技术，对BIM、GIS、大数据、云计算、人工智能等技术的定义、特点、应用进行了介绍；模块三为建筑全过程智能建造，按照建筑建造阶段依次展开，分别讲解智能建造在建筑设计、测量、施工、验收、管理中的具体应用。每个单元前附有思维导图，单元中穿插数字化资源、课堂互动，单元最后精心设置各种形式的综合考核如创新设计、查阅文献、案例研讨、头脑风暴等，贯彻落实德智体美劳全方位育人。

教材编写具体分工如下：

本书由湖北水利水电职业技术学院周雨微、武汉船舶职业技术学院周岚、红河职业技术学院冯春菊担任主编，武汉船舶职业技术学院王沫涵，湖北水利水电职业

技术学院李翠华、胡晓敏、张少坤,云南现代职业技术学院罗荣担任副主编,广联达科技股份有限公司刘湃、长江设计院王胜斌、湖北水利水电职业技术学院肖长永参与本书编写工作。

  本书在编写过程中,参考了大量国内外教材、专著、论文和研究报告,也参考了国内外智能建造相关领域的公众号、宣传报道、政策和文献等,在此对相关资料的作者及给予帮助的同仁一并表示感谢。

  由于编者的水平有限,书中不当之处在所难免,敬请广大读者批评指正。

编 者

目 录
Contents

模块一 认知建筑建造过程

学习单元 1 建筑概述 ········· 003
    1.1 建筑发展历史 ········· 004
    1.2 建筑类型简介 ········· 010
    1.3 建筑材料简介 ········· 017
    1.4 建筑结构简介 ········· 021

学习单元 2 智能建造产生背景 ········· 026
    2.1 建筑行业发展现状及问题 ········· 027
    2.2 国家相关政策文件 ········· 033
    2.3 智能建造发展趋势 ········· 040

模块二 认知全新智能技术

学习单元 3 智能建造核心技术 ········· 047
    3.1 通用类技术 ········· 048
    3.2 建造类技术 ········· 063

模块三 建筑全过程智能建造

学习单元 4 建筑信息化设计 ········· 077
    4.1 建筑信息化设计概述 ········· 078

4.2 建筑信息化设计国内外发展概况 ········· 082

4.3 建筑信息化设计案例分析 ············· 084

学习单元 5 建筑数字化测量 ············· 095

5.1 建筑数字化测量概述 ··············· 095

5.2 建筑数字化测量国内外发展概况 ········· 098

5.3 建筑数字化测量案例分析 ············· 103

学习单元 6 建筑工业化施工 ············· 107

6.1 建筑工业化施工概述 ··············· 108

6.2 建筑工业化施工国内外发展概况 ········· 114

6.3 建筑工业化施工案例分析 ············· 124

学习单元 7 建筑智能化验收 ············· 131

7.1 建筑智能化验收概述 ··············· 132

7.2 国外建筑智能化验收 ··············· 136

7.3 国内建筑智能化验收 ··············· 144

学习单元 8 智慧工地现场管理 ············· 156

8.1 施工现场管理问题 ················ 157

8.2 智慧工地管理系统 ················ 158

8.3 智慧工地管理案例分析 ·············· 169

参考文献 ························· 179

模块一 认知建筑建造过程

学习单元 1 建筑概述

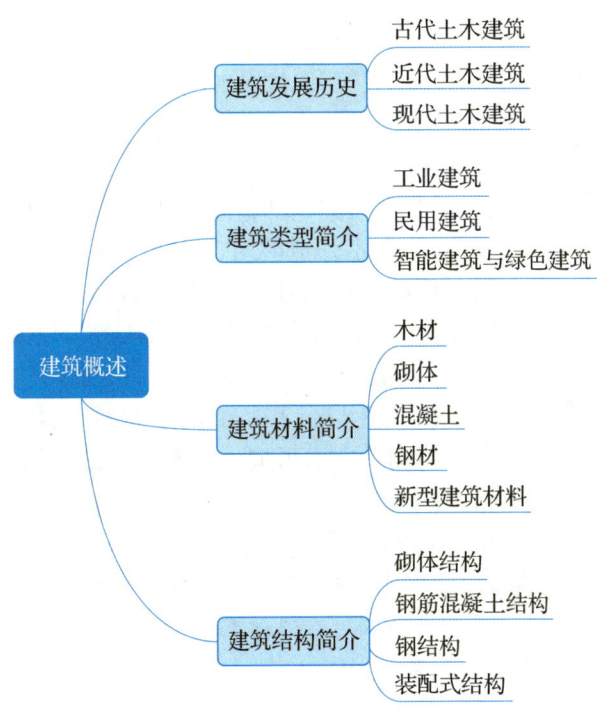

知识目标：

(1) 了解建筑的发展历史；
(2) 了解建筑的基本类型；
(3) 掌握常用建筑材料及新型建筑材料；
(4) 掌握常见三大建筑结构及装配式建筑结构。

能力目标：

(1) 能说出不同历史时代的代表性建筑；
(2) 能按功能判断建筑类型；
(3) 能区分不同建筑材料各自的特点；
(4) 能判定不同建筑结构的适用范围。

素质目标：

(1) 增强历史文化素养和审美能力；
(2) 锻炼逻辑思维，增强优选方案解决问题的能力；
(3) 培育创新精神。

1.1 建筑发展历史

建筑是人类文明和文化最早的记忆，也是人类社会发展和进步的标志。建筑根据其发展历程可分为古代土木建筑、近代土木建筑、现代土木建筑。

1.1.1 古代土木建筑

古代土木工程有着很长的时间跨度，它大致从新石器时代(约公元前5000年起)开始至17世纪中叶，其发展大体可分为萌芽时期、形成时期、发达时期：

(1) 萌芽时期：原始人利用天然掩蔽物，后使用简单工具，以黏土、木材和石头等建造居住场所。典型代表如中国仰韶文化遗址、半坡村遗址的建筑，以及埃及新石器时代住宅等。

(2) 形成时期：随着生产力发展，农业与手工业分工后，建筑材料上出现烧制的瓦和砖，施工工具上有青铜及铁制工具，结构构造方面形成木构架、石梁柱等结构体系，建造内容包括宫殿、陵墓等大型建筑及道路、桥梁、水利工程。

(3) 发达时期：铁制工具普遍使用，工程效率提高，工程材料出现复合材料，工程形式增多，分工细致，技术精湛。典型代表如中国故宫、万里长城、埃及金字塔、希腊帕特农神庙等伟大工程。

以下列举部分古代土木工程典型代表作：

图1-1 西安半坡村房屋复原模型

(1) 西安半坡遗址：半坡遗址是黄河流域一处典型的新石器时代仰韶文化①遗址，1953年春发现，1954年开始发掘。半坡遗址有很多圆形房屋的痕迹。经分析是直径为5~6 m圆房屋的土墙，墙内竖有木柱，支承着用茅草做成的屋面，茅草下有密排树枝起龙骨作用。现仍遗存有木柱底的浅穴和一些地面建筑残痕，见图1-1。

(2) 吉萨金字塔群：埃及帝王陵墓，建于公元前27世纪。其中以古王国第四王朝法老胡夫的金字塔最大。该塔塔基呈方形，每边长约230 m，高约146.6 m，用230余万块巨石砌成，塔

---

① 仰韶文化：约公元前5000~前3000年我国新石器时代的一种文化称仰韶文化，1921年首次发现于河南省渑池县仰韶村，分布于黄河中下游流域，遗留有残穴和平面为圆形、方形和多室联排矩形的地面建筑残迹。

内有甬道、石阶、墓室等。见图 1-2。

图 1-2　吉萨金字塔

(3) **万里长城**：公元前 7 世纪春秋时期的楚国开始建造绵延数百里的长城，公元前 221 年秦统一中国后将战国时期各国修筑的自卫长城连接起来，长达约 2 500 km。以后汉、南北朝、隋、金直至明朝都大规模修筑长城。至今西起嘉峪关，东至辽宁虎山，绵延 8 851.8 公里的万里长城，是明代遗留下来的。见图 1-3。

图 1-3　万里长城

(4) **都江堰大型水利工程**：始建于秦昭王末年的四川大型引水枢纽，是世界历史上最长的无坝引水工程。此工程以灌溉为主，兼有防洪、水运、供水等多种效益，一直沿用至今，其规模之大，规划之周密，技术之合理，均为前所未有。

(5) **赵州桥**：公元 595～605 年建造在河北省赵县洨河上留存至今的敞肩石拱桥。该桥全长 64.4 m，拱顶宽 9 m，拱脚宽 9.6 m，跨径 37.02 m，拱矢高 7.23 m，采用 28 条并列拱券砌筑。拱上设有 4 个小拱，既能减轻桥身自重，又便于排洪，且更显美观。该桥无论在材料使用、结构受力、艺术造型和经济上都达到极高成就，是世界上最早的敞肩式拱桥。见图 1-4。

图 1-4 赵州桥

(6) 山西应县木塔(佛宫寺释迦塔):公元 1056 年建成,塔高 67.3 m,塔身八角形,底层直径 30.27 m。该塔共 9 层,其中 8 层是用 3 m 左右长的木柱支顶重叠而成。它经多次大地震仍完整无损,是我国保存至今的唯一木塔,也是我国现存的最高的木结构之一。

1.1.2 近代土木建筑

近代土木工程是土木工程发展历程中的一个重要阶段,其时间跨度为从 17 世纪中叶至 20 世纪中叶的 300 年间。这段历史时期内土木工程领域发生的主要事件包括:

(1) 1687 年,英国科学家牛顿总结出经典力学三大定律,成为土木工程设计的理论基础。

(2) 1709 年(康熙四十八年),圆明园始建,至 1770 年(乾隆三十五年)基本建成,后嘉庆、道光、咸丰年间又有所增建,是当时世界上最大的皇家园林。

(3) 1744 年,瑞士数学家欧拉出版的《曲线的变分法》建立了柱的压屈理论,得到计算柱的临界受压力的公式,为分析土木工程结构物的稳定问题奠定了基础。

(4) 1825 年,纳维建立了土木工程中结构设计的容许应力分析法;19 世纪末,里特尔等人提出极限平衡的概念。

(5) 1824 年,英国人阿斯普丁取得了波特兰水泥的专利权,1850 年水泥开始生产。水泥是形成混凝土的主要材料,使得混凝土在土木工程中得到广泛应用。20 世纪初,学术界发表了水灰比的概念,初步奠定了混凝土强度的理论基础。

(6) 1859 年,发明了贝塞麦转炉炼钢法,使得钢材得以大量生产,并能愈来愈多地应用于土木工程。

(7) 1867 年,法国人莫尼埃用铁丝加固混凝土制成花盆,并把这种方法推广到工程中,建造了一座蓄水池,这是应用钢筋混凝土的开端。

(8) 1883 年,美国芝加哥有"摩天楼之父"称号的詹莱建造了一栋 11 层家庭保险大楼,是世界上最先用铁框架(部分钢架)承受全部大楼里的重力,外墙仅为自承重墙的高层建筑。见图 1-5。

(9) 1889 年,法国巴黎建成高 324 米(含天线 24 m)的埃菲尔铁塔,用钢量约 7 300 t,成为近代高层建筑结构的萌芽。见图 1-6。

图 1-5　詹莱主持建造的住宅保险大楼　　　图 1-6　法国巴黎埃菲尔铁塔

(9) 1779 年，英国用铸铁建成跨度为 30.5 m 的拱桥；1826 年，英国用锻铁建成第一座跨度为 177 m 的悬索桥；1890 年，英国又建成两孔主跨达 521 m 的悬臂式桁架梁桥。至此现代桥梁的 3 种基本形式（梁桥、拱桥、悬索桥）相继出现。

(10) 1905～1908 年间，中国铁路工程先驱詹天佑创造了京张铁路的建造奇迹。在崇山峻岭的复杂地形地质条件下，以有限的经费（最终费用仅占外国预估的 1/5），按照"使用复式机车""最合理选线"的配合设计，使列车顺利爬上 33.33% 坡度，成为世界之最。见图 1-7。

图 1-7　京张铁路

这一阶段世界正经历着工业革命带来的深刻变革，工业快速发展，人口向城市聚集，对各类基础设施的需求大幅增长，同时，新材料、新设备、新工艺、新技术、新理论不断涌现，为土木工程的现代化进程奠定了基础。

1.1.3　现代土木建筑

现代土木工程为二十世纪中叶第二次世界大战结束后至今的土木工程。随着全球科技飞速进步、经济高速发展以及人口持续增长，社会对土木工程的需求变得更加多样化、大规

模、高标准。这一阶段各类新技术、新材料、新工艺和新设备不断涌现,土木工程的建造特点可概括为以下几个方面:

(1) 先进的设计理论和计算方法

借助有限元分析软件、BIM 软件等进行设计,可以对复杂的土木工程结构进行精确的力学性能分析,模拟结构在不同荷载作用下的受力和变形情况、优化结构设计方案。在设计大型桥梁或者超高层建筑时,通过软件进行模拟分析能提前发现潜在的结构薄弱点,对结构的构件尺寸、布置等进行调整,提高结构的安全性和经济性。

一些新的理论与分析方法,如计算力学、结构动力学、动态规划、网络、随机过程和波动理论等已深入到土木工程的各个领域。

(2) 建筑材料高强化、轻质化

现代土木工程的材料进一步高强化和轻质化。中国从 20 世纪 60 年代起推广锰硅系列和其他系列的低合金钢,大大节约了钢材用量并改善了结构性能。高强钢丝、钢绞线和粗钢筋的大量生产,使预应力混凝土在桥梁、建筑等工程中得以推广,C50~C80 号混凝土已在工程中普遍应用。普通混凝土向轻骨料混凝土、加气混凝土和高性能混凝土方向发展,使混凝土的容量由 24.0 kN/m 降至 6.0~10.0 kN/m,抗压强度从 20~40 N/mm² 提高到 60~100 N/mm²,轻集料混凝土和加气混凝土已应用于高层建筑。此外,铝合金、镀膜玻璃、石膏板、建筑塑料、玻璃钢等工程材料发展迅速。

(3) 建造施工装配化、工业化

装配式建筑是指把传统建造方式中的大量现场作业工作转移到工厂进行,在工厂预制加工好建筑所需的各类构件,比如预制墙板、预制楼板、预制楼梯、预制阳台等,然后将这些预制构件运输到施工现场,通过可靠的连接方式进行组装搭建,从而形成完整的建筑物。随着装配式建筑的诞生和普及,现代土木工程建造方式逐渐由现场生产转变为工厂生产、现场装配,建筑工业化程度显著提高。见图 1-8。

图 1-8 装配式建筑

(4) 工程功能多样化、规模化

人们日益提升的生活水平对土木工程的功能提出了更多要求,公共和住宅建筑物要求建筑结构、给水、排水、采暖、通风、燃气、供电等要素结合成整体,工业建筑物往往要求恒温、恒湿、防微振、防腐蚀、防辐射、防火、防爆、防磁、防尘、防高(低)温、耐高(低)湿,并向大跨度、超重型、灵活空间方向发展。

同时,土木工程展现出显著的规模化特征。建筑领域中,众多城市中高楼大厦鳞次栉比,超高层建筑动辄数十上百层,占地面积广阔,内部空间复杂;交通方面,大型的跨海大桥、跨江大桥绵延数公里甚至数十公里,横跨水域连接多地;水利工程里,大型水利枢纽工程规模宏大,大坝雄伟壮观,绵延千米,水库库容巨大,灌溉、发电等系统建设工程量浩大。

(5) 城市建设绿色化、立体化

城市建设正朝着绿色化、一体化的方向大步迈进,这一趋势不仅重塑着城市的外在风貌,更深刻影响着城市居民的生活品质与城市的可持续发展能力。

新加坡的滨海湾花园就是绿色化建设的杰出典范,它巧妙地将大片的植物景观与现代化的城市建筑相融合,园内拥有数量众多的珍稀植物品种,这些植物通过精心设计的垂直绿化和超级树等创新形式进行展示,不仅为城市增添了一道极具视觉冲击力的风景线,还在调节局部气候、净化空气、吸收噪声等方面发挥着积极作用,让人们身处繁华都市之中也能感受到大自然的清新与宁静。

高层建筑成了现代化城市的象征,1967 年苏联莫斯科建成高 537 m 的莫斯科电视塔。1974 年美国芝加哥建成高达 443 m 的西尔斯大厦。1976 年加拿大多伦多建成的多伦多电视塔为 Y 形截面预应力混凝土结构,高 553.33 m。1995 年我国建成的上海电视塔"东方明珠",高 468 m。1996 年马来西亚建成高 452 m 的吉隆坡双子塔。1997 年我国建成的上海金茂大厦采用钢筋混凝土和钢结构的混合结构,高 421 m。2008 年采用钢结构建造的上海环球金融中心高达 492 m。2009 年建成的广州塔高达 600 m,建成时为中国第一高塔。2010 年迪拜建成的哈利法塔为束筒结构,总高达 828 m,造价 15 亿美元,为当前世界第一高楼与人工构造物(图 1-9)。2012 年建成的东京晴空塔(又称"天空树"),高达 634 m。2016 年竣工的上海中心大厦,高达 632 m(图 1-10)。

图 1-9　哈利法塔

图 1-10　上海中心大厦

(6) 交通设施高速化、网络化

现代世界是开放的世界,高速公路的里程数已成为衡量一个国家现代化程度的标志之一,铁路出现了电气化和高速化的趋势。交通高速化直接促进了桥梁、隧道技术的发展。不仅穿山越江的隧道日益增多,而且出现长距离的海底隧道。1937 年建成的钱塘江大桥是中国工程师主持建设的第一座近代大跨径桥梁。1998 年建成的连接日本的本州与四国岛的明石海峡大桥,主跨 1 991 m,是目前世界上跨度最大的悬索桥。1999 年建成的江阴长江大桥,主跨 1 385 m。1997 年在香港建成的青马大桥,主跨度 1 377 m。1997 年,在四川万县建成的万县长江大桥(现万州长江大桥),拱跨 420 m,是当时世界上同类型跨度最大的拱桥。1993 年在上海建成的杨浦大桥,为斜拉桥,主跨 602 m。2008 年建成的苏通大桥为斜拉桥,主跨 1 088 m。2012 年建成的俄罗斯岛大桥,跨度 1 104 m,是世界上最长的斜拉桥。2005 年建成的润扬长江大桥,为悬索桥,跨度 1 490 m。2018 年建成的港珠澳大桥(图1-11),连接香港、珠海、澳门三地,大桥全长 55 km,其中桥岛隧集群的主体工程长约 29.6 km,包括 22.9 km 的桥梁、6.7 km 的海底隧道及连接隧道和桥梁的东西人工岛,它也是当前世界最大规模的桥岛隧集群工程。

图 1-11 港珠澳大桥

拓展学习

港珠澳大桥

> **课堂互动**
>
> 请同学们分组,每组从古代、近代、现代土木工程所有典型代表作中选取 1 个最感兴趣的工程案例并收集相关资料和图片,说说工程概况、材料和结构形式、功能和特点以及其时代意义。

▶ 1.2 建筑类型简介 ◀

建筑按照其功能可以划分为农业建筑、工业建筑、民用建筑,其中工业建筑和民用建筑占比较大。

农业建筑：为农业生产、农产品储存及相关活动服务的建筑，农业建筑对农业生产的顺利进行、农产品的妥善保存等起着关键保障作用。如温室大棚、养殖场、粮仓等。

工业建筑：主要服务于工业生产活动，是工业生产的基础载体，工业建筑的结构应根据生产特点设计，保证工业生产能安全、高效地在建筑内开展。常见工业建筑如厂房、仓库等。

民用建筑：人们日常居住、生活以及开展各类公共活动的建筑，在设计时会考虑美观、舒适、安全等多因素，民用建筑结构形式多样，以适应不同功能与层数需求，旨在为人们打造良好生活和活动环境。如住宅、写字楼、商场、学校、医院、体育馆等。

除以上传统建筑类型外，随着社会各项技术的发展以及人们对生活品质的需求不断提高，智能建筑和绿色建筑应运而生。

1.2.1　工业建筑

工业建筑在 18 世纪后期最先出现于英国，后来在美国以及欧洲一些国家兴建。苏联在 20 世纪 20~30 年代开始进行大规模工业建设。中国在 50 年代开始大量建造各种类型的工业建筑。工业建筑是工业生产的重要物质基础，同时也对城市的经济发展和空间布局有着重要影响。

1. 工业建筑分类

按用途分：主要生产厂房、辅助生产厂房、动力用厂房、储存用房屋、运输用房屋及其它。

按层数分：单层厂房、多层厂房、混合层次厂房。其中单层厂房结构简单，可采用大跨度、大进深，便于使用重型起重运输设备；多层厂房有利于安排竖向生产流程，管线集中，管理方便，占地面积小。

按生产状况分：冷加工车间、热加工车间、恒温恒湿车间、洁净车间、有爆炸可能性的车间、有大量腐蚀作用的车间、有防微震、高度噪声、防电磁波干扰等车间。

2. 工业建筑特点

（1）满足生产工艺要求：厂房的设计、布局和结构等需根据生产流程和设备需求确定。

（2）内部空间较大：为容纳大型生产设备、原材料和产品等，通常有较大的面积和空间，如大型单层厂房跨度可达数十米甚至上百米。

（3）结构构造复杂：因需承受较大荷载、适应不同生产环境和工艺要求，其结构和构造复杂，技术要求高，常采用钢筋混凝土结构或钢结构等。

（4）紧密结合生产：与生产活动紧密相连，需考虑生产过程中的物料运输、人员流动、设备安装与维修等。

（5）采光通风及屋面排水复杂：需根据不同生产要求和厂房形式，设计合理的采光、通风和屋面排水系统，如有的厂房需采用天窗采光和机械通风。

3. 工业建筑案例

（1）船厂 1862

始建于 1862 年的上海船厂，曾是中国现代工业文明的发源地之一，国内第一艘出口万吨轮"绍兴号"在此下水。改造后成为一个26 000平方米的时尚艺术商业中心,包含800座的中型艺术剧院"1862时尚艺术中心"以及约16 000平方米的沉浸式艺术商业空间。见图1-12。

图1-12 船厂1862

(2) 上海国际时尚中心

原为上海第十七棉纺织总厂,前身为1921年日商裕丰纺织株式会社裕丰纱厂。从百年老厂成功转型后,总建筑面积约13万平方米,以时尚为核心立意,集创意、文化及现代服务经济于一体,还拥有300多米的黄浦江岸线,汇集了多功能秀场等多个功能板块。

1.2.2 民用建筑

民用建筑是供人们居住和进行公共活动的建筑的总称,它与人们的日常生活息息相关,涵盖了丰富多样的类型,旨在满足人们不同方面的生活、社交、文化、娱乐等需求。它不仅为人们提供了遮风挡雨、生活居住的场所,更是承载了丰富的社会文化活动,促进了人与人之间的交流互动,对提升人们的生活质量、塑造城市的精神面貌以及推动社会的和谐发展都有着至关重要的作用。

1. 民用建筑分类

(1) 按使用功能分为居住建筑和公共建筑

居住建筑:供人们居住使用,可分为住宅建筑和宿舍建筑。住宅建筑包括普通住宅、公寓、别墅等;宿舍建筑有单身宿舍、学生宿舍、职工宿舍等。

公共建筑:供人们进行各种公共活动,包括教育建筑如托儿所、幼儿园、学校等;办公建筑如机关、企业单位的办公楼等;科研建筑如研究所、实验室等;商业建筑如商店、商场、菜市场、餐馆、旅店等;金融建筑如银行、证券交易所、保险公司等;文娱建筑如电影院、剧院、音乐厅、影城、会展中心、展览馆、博物馆等;医疗建筑如医院、诊所、疗养院等;体育建筑如体育馆、体育场、健身房等;交通建筑如航空港、火车站、汽车站、地铁站、水路客运站等;民政建筑如养老院、福利院、殡仪馆等;司法建筑如检察院、法院、公安局、监狱等;宗教建筑如寺院、教堂等;通信建筑如电信楼、广播电视台、邮电局等;园林建筑如公园、动物园、植物园、亭台楼榭等;纪念性建筑如纪念堂、纪念碑、陵园等。

(2) 按建筑高度与层数分可分为低层建筑、多层建筑、中高层建筑、高层建筑和超高层建筑

低层建筑：1—3 层的住宅建筑。

多层建筑：4—6 层的住宅建筑，以及 4—6 层的公共建筑和宿舍建筑。

中高层建筑：7—9 层的住宅建筑。

高层建筑：10 层以上的住宅建筑和总高度大于 24 m 的公共建筑及综合性建筑。

超高层建筑：高度超过 100 m 的住宅或公共建筑。

2. 民用建筑特点

(1) 功能多样性

民用建筑功能丰富多样，居住建筑主要满足人们的居住需求，提供舒适、安全的居住空间；公共建筑则包括学校、医院、商场、剧院、体育馆等，用于教育、医疗、商业、文化娱乐等各种公共活动空间，有各自特定的功能和空间要求。

(2) 空间灵活性

既可以是规则的几何形状，如长方形、正方形等，也可以根据地形、环境和功能需求设计成不规则形状。同时，内部空间可以灵活分隔和组合，以适应不同的使用要求和生活方式，如住宅中的客厅、卧室、厨房、卫生间等空间可以根据用户需求进行调整和改造。

(3) 设计人性化

注重满足人们的生理和心理需求，在设计时会考虑到采光、通风、日照、隔音、隔热等因素，以提供舒适的室内环境；同时，还会设置无障碍通道、电梯、扶手等设施，方便老年人、残疾人等特殊人群使用。

(4) 安全性要求高

在结构设计上，必须保证建筑的稳定性和安全性，能够承受各种荷载，如自重、活荷载、风荷载、地震荷载等；在防火方面，要采用防火材料和设计防火分区、疏散通道等，以确保在火灾发生时人员能够安全疏散；在防雷、防洪、防滑等方面也有相应的措施和要求，以保障使用者的生命财产安全。

(5) 耐久性与经济性

民用建筑一般需要有较长的使用寿命，因此在材料选择和结构设计上要考虑耐久性，以减少维修和更换的频率；同时也要兼顾经济性，在保证建筑质量和功能的前提下，合理控制造价，提高投资效益。

(6) 与环境协调性

注重与周边的自然环境和人文环境相协调，建筑的风格、色彩、高度等要与周围的建筑和景观相融合；尽量采用节能、环保的技术和材料，减少对环境的影响，实现可持续发展。

(7) 维护管理常态化

定期进行维护和管理，包括对建筑结构、设备设施、装饰装修等方面的检查、维修和保养，以确保建筑的正常使用和安全性能；对建筑的使用情况进行监测和评估，及时发现和解决问题。

3. 民用建筑案例

(1) 中国国家大剧院

位于中国北京,主体建筑为巨大的椭球形,表面由钛金属板和玻璃幕墙构成,建筑造型独特。内部有歌剧院、音乐厅、戏剧场等多个演出场所,是我国重要的文化艺术表演中心。见图1-13。

图1-13 国家大剧院

(2) 平安大厦

位于深圳市福田区,建筑高度599米,共118层。建筑外形挺拔,高耸入云,是深圳的重要金融中心和商务办公场所,周边配套设施完善,有大型购物中心、餐饮娱乐场所等。见图1-14。

图1-14 平安大厦

1.2.3 智能建筑与绿色建筑

1. 智能建筑

智能建筑以建筑物为平台,基于对各类智能化信息的综合应用,集架构、系统、服务、管理及其优化组合为一体,具有感知、传输、记忆、推理、判断和决策的综合智慧能力,形成以人、建筑、环境互为协调的整合体,为人们提供安全、高效、便利及可持续发展功能环境的建筑。

通过与物联网、人工智能等技术的深度融合,智能建筑有如下特点:

(1) 高效节能:通过自动化系统精确控制设备运行,降低能源消耗。如智能照明系统根据光线和人员活动自动调节亮度,可大幅节约电能。

(2) 舒适便捷:为用户提供舒适的室内环境和便捷的生活、工作条件。如智能温控系统保持室内温度适宜,智能家居设备可通过手机远程控制家电。

(3) 安全可靠:具备完善的安全防范系统,如视频监控、门禁控制、入侵报警等,保障人员和财产安全。系统具备故障诊断和自动修复功能,提高建筑运行可靠性。

(4) 管理效率高:管理人员可通过中央控制系统实时监控和管理建筑内各类设备和系统,快速响应和处理问题,降低人力成本。

智能建筑典型案例:

北京大兴国际机场

采用五指廊设计,旅客从航站楼中心到最远端登机口步行距离不超过600米。广泛应用人工智能、大数据等技术,提供便捷的自助值机、行李托运、安检等服务,实现多种交通方式无缝衔接。旅客在进行一次性人脸注册后,可凭借人脸识别完成购票、值机、托运、安检、登机等全流程,无需出示身份证、二维码等,同时机场乘务员也能使用该系统进行旅客复验、清点确认、座位引导等工作。

深圳国际会展中心

以物联网为数据基地,以BIM模型为可视化载体,运用数字孪生技术打造新一代数字孪生场馆。如通过物联网技术将场馆内的各类设备设施,如空调、照明、电梯等连接到统一的管理平台,实时监控设备的运行状态、能耗情况等,实现远程控制和自动化管理,提高设备的运行效率和使用寿命,降低维护成本。在场馆内外安装了大量的高清摄像头,实现全方位、无死角的监控覆盖。通过智能视频分析技术,能够自动识别异常行为、人员聚集、火灾烟雾等情况,并及时发出警报。

图1-15 北京大兴国际机场

图1-16 深圳国际会展中心

2. 绿色建筑

绿色建筑是指在建筑的全寿命周期内,最大限度地节约资源(节能、节地、节水、节材)、保护环境、减少污染,为人们提供健康、适用和高效的使用空间,与自然和谐共生的建筑。

其"绿色"理念涵盖了建筑从规划设计、施工建造,到运营使用,再到最终拆除的全过程。在每个阶段都需考虑对资源和环境的影响,总的来说其特点如下:

(1) 高效节能:采用高效的保温隔热材料,如外墙使用聚苯板、岩棉板等保温材料,搭配断桥铝合金门窗,有效降低建筑物的热量传递,减少冬季采暖和夏季制冷的能源消耗。据测算,相较于传统建筑可降低30%—50%的能耗。同时绿色建筑强调利用太阳能、风能、地热能等可再生能源。

(2) 节约资源:体现在节能、节水、节材、节地等方面。

(3) 环境友好:在施工过程中采取有效措施减少扬尘、噪声、废水等污染物的排放。使用环保型建筑材料,减少室内甲醛、苯等有害物质的释放,改善室内空气质量,保护居住者的健康。注重对建筑周边生态环境的保护和修复。保留和利用原有地形地貌、植被等,营造与自然和谐共生的景观环境。

(4) 健康舒适:通过合理的通风设计,如自然通风与机械通风相结合,确保室内空气新鲜。采用智能温控系统和智能除湿设备,精确控制室内温度和湿度,为人们营造舒适的居住和工作条件。优化建筑的朝向和窗墙比,充分利用自然光线,减少白天对人工照明的依赖。

> **绿色建筑典型案例:**
>
> **新加坡 CapitaGreen**
>
> 位于新加坡莱佛士坊,2014年竣工,建筑高度245米,共40层。见图1-17。
>
> 建筑外立面采用双层幕墙设计,外层幕墙可以有效阻挡阳光直射,减少热量进入室内,同时在两层幕墙之间形成空气流通通道,带走热量,降低室内空调的能耗。建筑的外立面和内部空间融入了大量的绿色植物,这些绿植不仅能美化环境,还能起到隔热、净化空气和减弱噪声的作用。双层幕墙中的内层幕墙采用了透明玻璃,让更多的自然光线进入室内,降低了能源消耗。
>
>
>
> 图1-17 新加坡首都大厦

> **课堂互动**
>
> (1) 请同学们介绍自己家乡的典型代表建筑,判定其是工业建筑还是民用建筑。
>
> (2) 除课本给出的例子外,收集世界范围内典型智能建筑、绿色可持续建筑案例并分享。

1.3 建筑材料简介

木材、砌体材料、混凝土和钢材是常用的几种建筑材料,考虑不同的使用条件、荷载状态、结构形式等可灵活选用。近年来,新型建筑材料如高性能混凝土、纤维增强复合材料(FRP)、真空绝热保温材料的产生给建筑行业带来了巨大的革新。新型建筑材料在性能、环保、功能等方面具有独特的优势。

1.3.1 木材

土木工程用的木材主要取自树木的树干,常用树种如松木、杉木等。常用的木材有原木(除去树皮、树枝和树梢的树干,一般直径 120 mm 以上)、方木(直角锯切且宽厚比小于 3,截面为方形或矩形的锯材)、条木(宽度不大于厚度的 2 倍)、板材(宽度为厚度 3 倍或 3 倍以上的锯材)等(图 1-18)。还可以木材、木质碎料、木质纤维为原料,加胶黏剂制成木质人造板和胶合木。由于木材在生长过程中形成纹理,是各向异性的材料,其顺纹与横纹方向的性能不一。松木顺纹抗拉设计强度为 $8\sim10$ N/mm^2,顺纹抗压设计强度为 $10\sim16$ N/mm^2(在承重结构中不允许木材横纹受拉)。

木材有结构自重轻、制作容易、架设简便、工期快、造价便宜等优点;但也有易燃、易腐朽和结构变形大等缺点。

图 1-18 原木和方木

1.3.2 砌体

土木工程用的砌体,是由石材、黏土、块、砖、混凝土、工业废料等材料做成的块材,和水泥、石灰膏等胶凝材料与砂、水混合做成的砂浆,叠合黏结而成的复合材料。砌体品种很多,有各种石砌体、实(空)心砖砌体、中小混凝土块砌体、硅酸盐块砌体等。它们的强度都很低。以常用砖砌体为例,抗压强度只有 $1.5\sim3.5$ N/mm^2,抗拉强度仅有 $0.1\sim0.2$ N/mm^2。见图 1-19。

砌体的优点是易于就地取材,价格低廉,施工简便,隔热保温性以及耐火耐久性好;但因其强度很低导致结构笨重,而且黏土砖与农田争地,应限制使用;此外,砌体结构当前主要是用手工在现场砌筑而成的,施工时劳动量大,工程中质量问题偏多。

图 1-19　标准砖和多孔砖

1.3.3　混凝土

土木工程所用的混凝土,是由水泥作胶凝材料,以砂、石子作骨料与水(经常还有各种外加剂和掺合料)按一定比例配合,经搅拌、成型、养护而成的水泥混凝土。此外还有保温用的由轻质骨料做成的轻混凝土,铺路面地面用的由沥青和骨料做成的沥青混凝土等。

结构用水泥混凝土的强度等级一般为 C30～C40,甚至可达 C60～C80(指将混凝土做成边长 150 mm 立方体试块的极限压应力分别为 30 N/mm²、40 N/mm²、60 N/mm²、80 N/mm²)。由于混凝土的抗拉强度很低,混凝土结构多是由混凝土和钢筋黏结组成的钢筋混凝土结构。

混凝土的优点是可模性、耐久性、耐火性、整体性都较好,易于就地取材,价格较低,强度比砖、木材高,能和钢筋黏结做成各种强度高的钢筋混凝土结构;但其自重较大,施工比较复杂,工序多,工期长,易产生裂缝。见图 1-20。

图 1-20　混凝土

1.3.4　钢材

土木工程所用钢材的主要成分是铁(Fe,约占 99%)和少量的碳(C,通常不超过 0.22%),称低碳钢;若还含少量锰(Mn)、硅(Si)、钒(V)等元素,称低合金钢。最常用的类型有型材(如角钢、槽钢、工字钢、H 形钢)(图 1-21)、板材(如薄板、厚板、压型钢板)、管材(如无缝钢管、有缝钢管)和线材(如钢筋、钢丝、钢绞线)。低碳钢在结构设计中抗拉和抗压设计强度约为215 N/mm², 低合金钢的抗拉和抗压设计强度可达 310~380 N/mm²。

钢材的优点是材质均匀、强度高(因而做成的结构相对质量较轻)、塑性好,便于加工安装;但耐火性差、易于锈蚀、维护费用较高。

图 1-21　H 型钢

1.3.5　新型建筑材料

1. 超高性能混凝土(UHPC)

超高性能混凝土(Ultra-High Performance Concrete,简称 UHPC),其抗压强度通常远超普通混凝土,一般可达 60 MPa 及以上,部分甚至能达到 100 MPa—150 MPa。高强度特性使建筑结构能够承受更大荷载,适用于建造高层、超高层建筑以及大跨度桥梁等对结构承载能力要求高的工程。超高性能混凝土是一种能同时满足高强度、高耐久性、高工作性(良好的流动性、可塑性、保水性和黏聚性)以及体积稳定性等多项性能要求的混凝土。见图 1-22。

多运用于高层建筑、大跨度桥梁、和水工结构建筑如大坝、港口码头等。

图 1-22　超高性能混凝土建筑

2. 纤维增强复合材料(FRP)

纤维增强复合材料(Fiber Reinforced Polymer,简称FRP),是由增强纤维材料与基体材料通过特定工艺复合而成的一类高性能材料。见图1-23。

图1-23 纤维增强复合材料

纤维的高强度特性赋予FRP极高的比强度(强度与密度之比),其密度一般为钢材的1/4—1/5,而强度却可与钢材媲美,甚至更高。在航空航天领域,使用FRP制造飞机部件,可有效减轻飞机自重,提高燃油效率和飞行性能。在建筑领域,纤维增强复合材料作为结构增强材料,用于加固和修复混凝土结构,如桥梁、建筑物的梁、柱等;也可制作建筑装饰材料,如采光板、装饰线条等,兼具美观与实用功能。

3. 真空绝热保温材料

真空绝热保温材料是近年来发展起来的一种高效保温材料(图1-24),真空绝热保温材料拥有极低的导热系数,通常可低至 $0.004\ W/(m·K)$ 以下,远低于传统保温材料,如聚苯板(导热系数约 $0.03—0.04\ W/(m·K)$)、岩棉板(导热系数约 $0.04—0.05\ W/(m·K)$)。这使得在相同保温效果下,使用真空绝热保温材料的厚度可大幅减小。同时,它还具备保温效果持久、占用空间小、防火等优点。

图1-24 真空绝热板

在建筑工程领域,真空绝热保温材料可用于建筑外墙、屋面、地面等部位的保温隔热,能有效提高建筑物的能源效率,减少冬季采暖和夏季制冷的能耗。另外在冷链物流、工业管道保温等领域也有着广泛的应用。

> **课堂互动**
>
> 试从材料强度、价格、施工难度、环保性等各方面比较木材、砌体材料、混凝土和钢材这四种典型材料。

▶ 1.4 建筑结构简介 ◀

砌体结构、钢筋混凝土结构、钢结构称为建筑三大结构形式,这三种结构形式各有优劣,在实际的建筑项目中,会根据建筑的功能需求、造价成本、施工条件、场地环境等多方面因素综合考虑选用。

智能建造时代装配式建筑结构得到了大力推广,装配式建筑结构通过优化设计、革新施工工艺、改善材料性能、提升质量控制等方面,对传统的建筑结构进行了改良。

1.4.1 砌体结构

砌体结构是指由块体和砂浆砌筑而成的墙、柱作为建筑物主要受力构件的结构体系(图1-25)。其中块体可以是砖(如烧结普通砖、烧结多孔砖等)、砌块(例如混凝土小型空心砌块、蒸压加气混凝土砌块等)以及石材;砂浆则起着黏结块体、传递应力等作用,常用的砂浆如水泥砂浆、混合砂浆等。砌体结构造价低、就地取材、施工简便、抗压性能较好,但砌体结构抗拉和抗剪性能较弱,如果没有足够的构造措施,在地震作用下墙体很容易开裂甚至倒塌。

古代砌体结构建筑物成就辉煌,埃及胡夫金字塔建成于公元前2000多年,是一座用230余块巨石砌垒成的高146.6 m的伟大建筑。建成于公元537年的位于伊斯坦布尔的索菲亚大教堂,是一座用砖砌球壳(直径约30 m,壳顶离地约50 m)和石砌半圆拱以及巨型石柱组成的宏伟砖石建筑(图1-26)。它们至今仍完整地矗立在原址,供世人观赏。

图1-25 现代砌体结构

图1-26 伊斯坦布尔的索菲亚大教堂

20 世纪 50 年代以来,我国的砌体建筑结构经历了一个由砖砌体→配筋砖砌体→大型振动砖壁板→配筋混凝土砌块砌体的发展过程。

1.4.2 钢筋混凝土结构

混凝土结构是现代各种土木工程建设中的主要结构类型,包括素混凝土结构、钢筋混凝土结构和预应力混凝土结构。素混凝土结构是指不配置钢筋的混凝土结构,在工程中应用较少。钢筋混凝土结构是指在混凝土内配置钢筋的结构。预应力混凝土结构指在结构构件制作时,预先在构件受拉的部位施加预压应力,以改善结构在使用期间的性能。随着预应力概念的提出和成功的应用,高性能混凝土、轻骨料混凝土、纤维混凝土、自密实混凝土、活性粉末混凝土等新型混凝土的出现和发展,使混凝土的应用范围大大扩展。它可应用于土木工程的各个领域,如高层和超高层建筑、大跨度建筑、高耸构筑物、海洋工程、核工程以及高达 1 800 ℃低至－160 ℃的高、低温工程建筑。

悉尼歌剧院位于澳大利亚悉尼港,建造在伸入海中的一块狭小地段上,远看似群帆泊岸,由 3 组、10 对壳片组成,以环境优美和建筑造型独特而闻名于世(图 1 - 27)。该建筑物虽为钢筋混凝土结构,但它的外部造型与内部功能没有联系,内部形状由吊在钢筋混凝土壳上的钢桁架决定。该建筑的结构受力相当复杂,最终是以 Y 形、T 形的钢筋混凝土肋骨拼接成三角形壳瓣,才使设计和施工得以进行。由于结构复杂、施工困难,该建筑的工期长达 14 年,造价超过预算十几倍。

图 1 - 27 悉尼歌剧院

1997 年建成的广州中信广场是目前中国最高的钢筋混凝土结构,由 3 座塔楼和裙房组成,它的主塔楼为 80 层高的办公楼,采用钢筋混凝土框架-筒体结构,高 321.9 m,连同桅杆(钢塔)总高 391.1 m。两座副塔楼是 38 层公寓;4 层裙房为商场,它们将两座公寓连接在一起。裙房屋面有花园和游泳池。主塔楼平面为边长约 48 m 的正方形,由于建筑要求,外框筒不能全部落地,因此,在 5 层以下的框筒四角设了 4 根 L 形巨型角柱,单肢长 7.75 m,宽 2.5 m,承受上部荷载。见图 1 - 28。

图 1‑28　中信广场

1.4.3　钢结构

钢结构建筑物是以钢材作为主要承重材料的建筑物。钢结构通常由型钢、钢管、钢板等制成的钢梁、钢柱、钢桁架等构件组成,各构件之间采用焊缝、螺栓或铆钉连接。有些钢结构还用钢绞线、钢丝绳(束)组成。

钢结构具有强度高、自重轻、塑性和韧性好的力学性能特点,施工上工业化程度高、速度快且适应性强,外观造型美观、耐久性较好,还具备材料可回收利用的环保优势,但有耐腐蚀性弱、耐火性不足等短板。钢结构常用于跨度大、高度大、荷载大、动力作用大的各种建筑及其他土木工程结构中。

美国芝加哥的威利斯大厦(Willis Tower),原名为西尔斯大厦(Sears Tower)是高层钢结构的代表作,建筑高 442 m,110 层,建筑面积 416 000 m²,标准楼层是在 9 个 23 m×23 m 成束筒结构基础上形成的 69 m×69 m 的方形平面。每个筒体的柱距为 4.6 m。随着建筑的升高,各筒在不同高度上逐渐收束形成阶梯状外观、减少风荷载影响。见图 1‑29。

为承办北京 2008 年奥运会,我国建造的国家体育场鸟巢也是钢结构的典型代表,它是一个巨型空间马鞍形钢桁架编织式鸟巢结构,平面尺寸为 340 m×292 m,顶部中间留有 185.3 m×127.5 m 的开口,整体的承重结构由一系列门式刚架绕着内环旋转组成一个三维空间承重体系。每一幅刚架由高 12 m 的屋盖桁架和三角形桁架柱组成。共 24 根桁架柱,所有刚架的杆件均采用加肋薄壁箱形截面。鸟巢新颖的外观造型和特殊的结构体系成为 2008 年奥运会的一座独特的标志性建筑。见图 1‑30。

图 1‑29　威利斯大厦

图 1-30　国家体育场鸟巢

1.4.4　装配式结构

随着城市化进程加速、城市人口激增、环保节能要求不断提高,传统建筑方式难以满足大规模、快速的建设需求,为实现建筑行业转型升级,装配式建筑应运而生,成为建筑行业发展的新方向。

装配式建筑结构是将建筑的部分或全部构件在工厂预制完成,然后运输到施工现场进行组装的建筑结构形式。按照其材料不同可分为装配式混凝土结构、装配式钢结构、装配式木结构三类。

其基本特点如下:

(1) 施工效率高:构件在工厂预制,与现场基础施工等可同步进行,预制构件运至现场后,通过机械化吊装快速组装,大大缩短了施工周期。相较于传统现浇建筑,装配式建筑可缩短工期30%—50%,尤其适用于大规模住宅建设和对工期要求紧迫的项目。

(2) 质量可控:工厂化生产环境稳定,采用先进的生产设备和工艺,严格的质量检测流程,能够保证构件的尺寸精度和质量稳定性。预制构件的质量缺陷率相比传统现浇构件大幅降低,如预制混凝土构件的尺寸偏差可控制在毫米级。

(3) 节能环保:减少现场湿作业,降低了建筑垃圾的产生量,同时减少了施工过程中的扬尘和噪声污染。此外,由于构件标准化生产,材料浪费也相对较少。在建筑使用阶段,装配式建筑通过采用高效保温隔热材料和节能门窗等,提高了建筑的保温隔热性能,降低能源消耗。

(4) 设计灵活:虽然构件标准化生产,但通过合理的设计组合,仍能实现多样化的建筑造型和空间布局。例如,预制混凝土构件可在工厂进行表面处理和装饰,实现建筑外立面的多样化效果,满足不同建筑风格的需求。

典型案例如广州东塔,主体部分采用装配式钢结构,是国内首个采用装配式钢结构体系的超高层建筑(图1-31)。其总建筑面积50万平方米,总高530米,地上111层,地下5层,其主体结构包括核心筒外围钢管柱、外围斜撑、外围悬挑梁等部分,用钢量约9.6万吨,具备良好的结构性能和抗风能力。

装配式建筑的构件生产、吊装、运输、施工等具体流程将在学习单元6中进行详细的介绍。

学习单元 1　建筑概述

图 1-31　广州东塔

单元综合考核

德国诗人歌德说"建筑是凝固的音乐",这是一句无数哲人极力推崇的名言,后来德国音乐理论家豪普德曼又补充道"音乐是流动的建筑"。意思是如果使音乐的时间流动全都停下来,我们从音乐中或从乐谱中便可以看到诸如严格数学化的比例、对称、均衡等造型特点以及乐曲形式同建筑结构的联系。

古罗马最早的建筑理论书籍《建筑十书》中提出了建筑的三大标准:坚固、实用、美观。当代建筑八字方针指"适用、经济、绿色、美观"。

对比砌体结构、钢筋混凝土结构、钢结构、装配式结构各自的特点,并结合你的理解说一说未来我国建筑结构可能的发展趋势。

学习单元2 智能建造产生背景

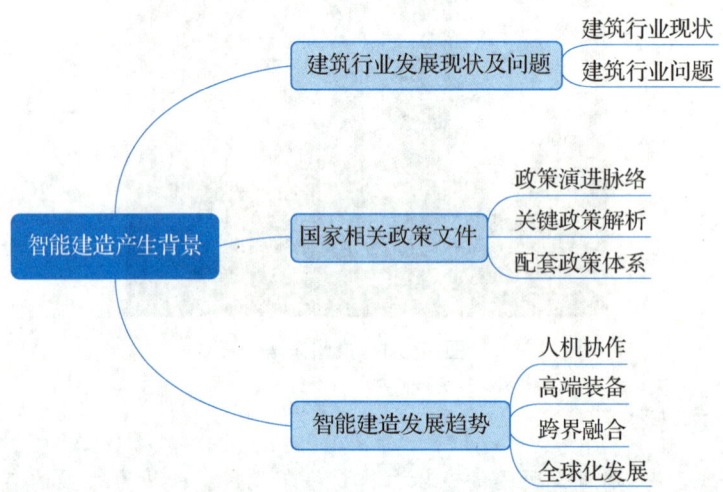

知识目标：

(1) 了解建筑行业现状及存在问题；
(2) 熟悉国家相关政策文件；
(3) 了解智能建造发展趋势。

能力目标：

(1) 深入了解建筑行业的市场规模、增长速度、产业结构，清晰知晓行业内不同业务领域（如住宅建设、商业建筑、基础设施等）的发展现状；
(2) 熟知提及的国家相关政策文件内容，掌握各政策出台背景、目标及核心条款；
(3) 透彻理解智能建造在人机协作、高端装备、产业升级、跨界融合等方面的发展趋势，了解相关技术原理与应用场景。

素质目标：

(1) 培养跨学科融合素养：打破学科界限，培养融合多学科知识解决问题的素养；
(2) 树立持续学习意识：智能建造发展快，从业者需有持续学习意识，跟进前沿技术；
(3) 强化社会责任意识：关注智能建造对环境、社会的影响，保证项目绿色、可持续发展。

2.1 建筑行业发展现状及问题

2.1.1 建筑行业发展现状

我国建筑行业在改革开放四十余年间创造了举世瞩目的发展奇迹,2024 年建筑业增加值 8.99 万亿元(占 GDP6.67%),从业人员规模超过欧洲建筑工人总和。然而,在这辉煌成就的背后,传统发展模式积累的结构性矛盾日益凸显,行业正面临着转型升级的迫切需求。

图 2-1 建筑行业发展与矛盾并存

2.1.2 建筑行业问题

1. 传统生产方式的时代局限性

作为国民经济支柱产业,我国建筑业 2024 年总产值预计突破 35 万亿元,但劳动密集型特征仍未根本改变。根据住房和城乡建设部最新调研数据,行业自动化设备渗透率仅提升至 18.7%,仍不足制造业平均水平(52%)的 36%。在珠三角某超高层项目实地调研显示,尽管部分企业引入钢筋智能加工机器人,但人工操作仍占比 70%,工人日均弯曲钢筋 1.8 吨(较 2022 年下降 21.7%),职业伤病发生率仍高达 28.6%。这种依赖人力的模式在人口结构转型(16—59 岁劳动年龄人口较 2020 年减少 4 000 万)背景下难以为继。

国际比较研究揭示了我国建筑业的技术代差(表 2-1)。与德国、日本等发达国家相比,我国在建筑工业化、数字化、智能化三个维度均存在显著差距。以预制装配率为例,日本高层住宅项目普遍达到85%以上,而我国新开工装配式建筑占比仅刚刚超过30%,且多停留在结构构件预制阶段。

表2-1 建筑业技术发展国际对比(2024年)

指标	中国	日本	德国
预制装配率(%)	＞30	＞85	＞70
BIM技术渗透率(%)	＞40	＞90	＞85
建筑机器人应用密度(台/千 m^2)	0.1—0.2	0.35—0.45	0.5—0.6
数字化交付标准等级	LOD350	LOD470	LOD520

这种技术落差直接导致了生产效率的差距。住房和城乡建设部2024年行业报告显示,按建筑业总产值计算的劳动生产率为人均54.763万元/年,同比提高15.15%。日本建筑业通过模块化施工和机器人集群应用(如大林组"SMART建造体系"),人均产出达158万日元/月(约合人民币7.5万元/月),效率差距同比缩小但依然显著。在某央企国际工程项目的对比分析中发现,相同体量的航站楼项目,日本施工企业通过数字化协同平台将设计变更响应时间压缩至12小时,而我国企业平均需要72小时。

图2-2 装配式建筑

图2-3 建筑机器人

图2-4 中建四局数字建造管控平台

2. 可持续发展面临的现实困境

行业粗放发展模式带来的资源环境压力已逼近生态承载极限。中国建筑节能协会发布的《2024中国城乡建设领域碳排放研究报告》指出,2022年全国建筑与建筑业建造能耗总量占全国能源消费总量的44.8%,碳排放总量占全国能源相关碳排放的48.3%,这些数据背后是触目惊心的资源浪费现象(表2-2)。在华北某省会城市的地铁建设项目中,因施工精度不足导致的混凝土浪费率高达8%,单站台施工就产生废料320立方米,相当于10套普通住宅的建材用量。

表2-2 典型工程项目资源消耗异常情况

项目类型	钢材损耗率	混凝土浪费率	模板周转次数
超高层写字楼	6.5—7.0%	7.0—7.5%	2—3次
地铁车站	5.5—6.0%	8.0—8.5%	1—2次
钢结构厂房	4.5—5.0%	3.5—4.0%	3—4次
国际先进水平	≤2%	≤1.5%	≥30次

这种资源错配在"双碳"目标背景下显得尤为突出。清华大学建筑能效研究中心模拟测算显示,若维持现有建造模式,到2030年建筑业碳排放量将达48亿吨,超出行业碳预算的27%。某绿色建筑认证项目案例显示,通过智能物料管理系统,钢材损耗率从5.6%降至1.8%,碳排放强度降低34%,这印证了技术革新对可持续发展的关键作用。

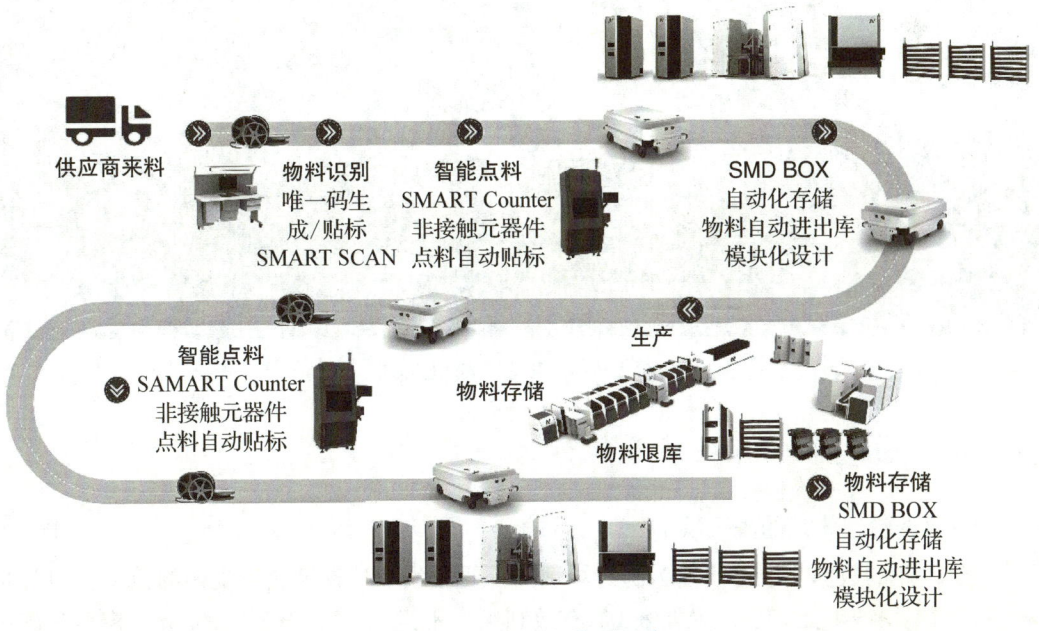

图2-5 智能物料管理系统

3. 安全生产的严峻形势

根据住房和城乡建设部《2024年度建筑施工行业安全生产事故统计分析》，2024年建筑施工行业安全事故数量有所下降，但安全隐患仍存。其中，高处坠落、物体打击、坍塌等事故较为突出，占事故总量的72%。在某些建筑项目中，因安全防护设施不到位、人员违规操作等原因，导致安全事故频发。例如，2023年山东菏泽市郓城县某项目发生高处作业吊篮倾覆事故，造成5人死亡，直接经济损失超700万元。另外，部分企业安全意识淡薄，安全培训缺失，安全投入不足，也是事故发生的重要原因。

行业安全培训体系的实效性同样堪忧。中国建筑业协会《2023年建筑工人安全培训白皮书》显示，传统培训方式3个月后知识留存率为19%—25%（样本量5 000人，覆盖华东地区）。相比之下，引入VR安全模拟系统的项目，采用VR安全模拟技术可使工人危险预判能力提升40%—70%（同济大学智能建造研究中心《智能建造技术应用蓝皮书（2024）》），中建八局等项目实践表明违规操作可减少约50%（《中建八局智能建造应用案例汇编（2023年12月）》）。这种技术赋能的安全管理模式革新，正在重塑行业的安全文化。

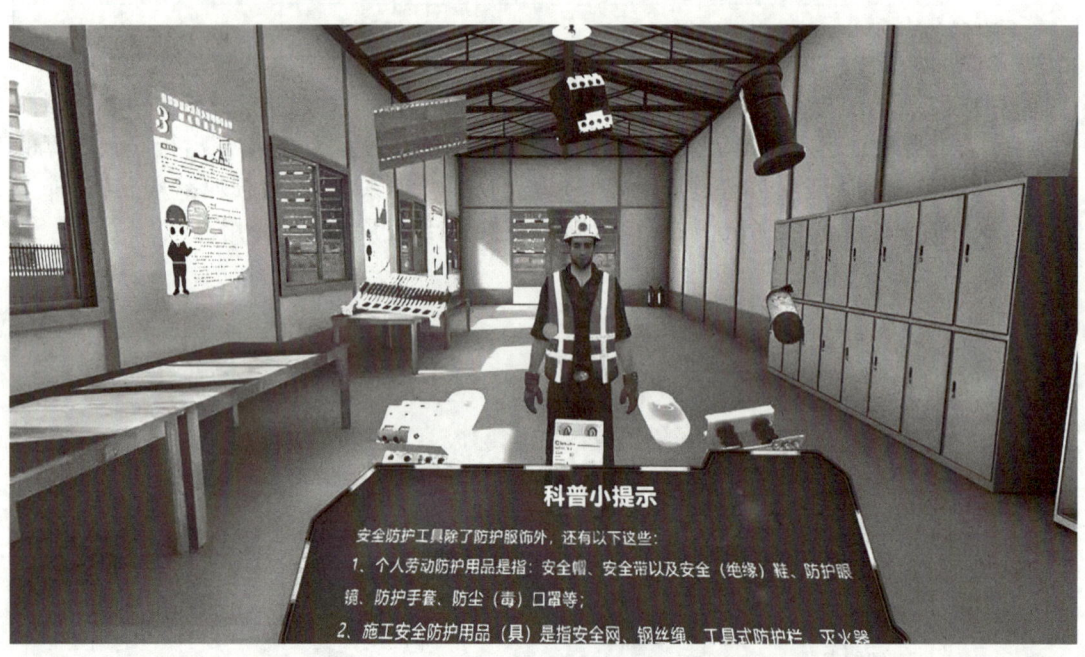

图2-6 VR安全模拟系统

4. 数字化转型的结构性障碍

（1）数据治理体系的先天缺陷

建筑行业的数据割裂已演变为制约转型的首要瓶颈。某省级建工集团的数字化审计报告显示，其年均产生2.4 PB工程数据，但有效利用率不足12%。设计院的BIM模型与施工单位的进度管理系统存在17项数据标准冲突，导致某高铁站房项目的机电管线碰撞检测出现327处漏检。这种数据孤岛现象源于行业特有的"三驾马车"分裂架构——设计、施工、运维环节分别使用 Revit、广联达、Maximo 等互不兼容的系统,形成"数字巴别塔"困局。

表 2-3　建筑行业主流软件系统兼容性矩阵

系统类型	BIM 设计	施工管理	运维平台	供应链系统
Autodesk	●●●●○	●●○○○	●○○○○	○○○○○
广联达	●●○○○	●●●●○	●●○○○	●○○○○
鲁班	●●○○○	●●●○○	●●○○○	○○○○○
SAP	○○○○○	●●○○○	●●●●○	●●●●○

(2) 技术迭代中的适配性陷阱

进口智能装备的水土不服现象日益凸显。在华南某智慧工地试点中,德国进口的抹灰机器人因无法适应国内加气块±5 mm 尺寸公差,作业效率骤降 58%,维护成本较本土设备高出 3.2 倍。这种技术移植困境源于国内外建造标准的代际差异:我国现行《建筑模数协调标准》(GB/T 50002—2013)仍以 10 mm 为基准单位,而欧美智能建造设备普遍采用 ISO 21542 的 2 mm 精度体系。某央企的改造实践表明,对进口砌筑机器人进行定位算法优化后,施工效率提升至原设计的 82%,但每台设备改造成本高达 45 万元。

(3) 制度供给的时空错位

智能建造标准体系建设滞后形成"玻璃天花板"。现行 156 项建筑工程标准中,涉及智能建造的仅占 23%,且多停留在技术导则层面。某装配式建筑项目因缺乏智能施工计价规范,引发合同纠纷导致工期延误 117 天。更严峻的是地方监管的数字化能力鸿沟:西部某省份的工程质量监督系统仍采用 2008 年版本,无法读取 BIM 模型的 LOD400 级数据,迫使企业额外制作传统二维图纸进行报批,单项目增加成本 87 万元。

(4) 中小企业的转型困境

民营建筑企业的数字化转型呈现"冰火两重天"格局。长三角建筑企业调研显示,86%中小企业年研发投入低于 50 万元,其智能装备渗透率仅为行业平均水平的 32%。某装饰工程公司的典型案例极具警示意义:耗资 200 万元引进的智能放线机器人,因缺乏配套的 BIM 深化设计能力,设备闲置率高达 78%,投资回报周期超出预期 3.8 倍。这种"先进设备+落后体系"的错配,正在加剧行业马太效应。

5. 人才断层的系统性风险

(1) 产业工人队伍的结构性老化

建筑劳务市场的"银发危机"愈演愈烈。2023 年行业普查数据显示,混凝土工平均年龄达 51.4 岁,十年间增长 7.2 岁。在华北某重点项目,62%的钢结构安装工因视力衰退无法操作激光定位仪,导致构件安装偏差超标率上升至 9.7%。这种年龄断层与智能建造需求形成尖锐矛盾:某建筑机器人研发企业的测试表明,45 岁以上工人学习智能终端操作的成功率仅为 28%,是年轻工人的三分之一。

(2) 复合型技术人才的严重短缺

智能建造催生的新型岗位面临人才真空。某央企的岗位能力测评显示,同时掌握 BIM 建模、物联网调试、装配式施工的工程师仅占技术团队的 7.3%。这种能力断层在具体项目中暴露无遗:粤港澳大湾区某智慧枢纽项目,因缺乏既懂建筑结构又通晓算法优化的跨界人才,导致数字孪生模型与实际进度偏差达 14 天,造成 1 800 万元经济损失。

表 2-4 智能建造人才能力缺口矩阵

能力维度	需求占比	供给满足度	培养周期
BIM 正向设计	40～45%	25～35%	12～24 个月
建筑机器人运维	35～40%	15～25%	18～30 个月
智能算法优化	25～35%	8～15%	24～36 个月
数字供应链管理	30～35%	20～25%	9～15 个月

(3) 教育培养体系的代际脱节

建筑类专业教育面临"双重脱轨"危机。对国内 TOP50 建筑院校的课程调研发现,开设建筑信息模型课程的仅占 64%,涉及机器学习应用的不足 12%。某"双一流"高校的毕业生跟踪调查显示,其掌握的 BIM 技术标准比行业现行规范滞后 3 个版本。更严峻的是职业教育体系的失灵:传统"师徒制"培养的技工,80% 无法理解智能吊装系统的力学反馈数据,导致某超高层项目出现 23 次误操作警报。

(4) 人才流失的虹吸效应

行业正遭遇前所未有的"智力流失"。某省级建工集团的数据触目惊心:近三年入职的 985 院校毕业生,在岗三年留存率仅 41%,流失人员中 63% 转投互联网或智能制造领域。这种人才迁徙在跨国企业间形成"剪刀差":某外资工程咨询公司在中国区招聘的 BIM 工程师,薪资水平是本土企业的 2.3 倍,且提供全套国际认证培训体系。

6. 国际竞争的严峻挑战

(1) 技术话语权的战略失衡

在智能建造标准制定层面,我国仍处于跟随状态。ISO/TC59 已发布的 87 项智慧建筑标准中,由中国主导制定的仅占 9%,远低于美国的 38% 和欧盟的 29%。这种标准弱势直接导致技术贸易壁垒:某国产建筑机器人出口欧洲时,因不符合 EN 1090 机械指令中的安全冗余要求,被迫增加 23% 的改造成本。

(2) 重大项目的技术代差

国际高端建筑市场的技术竞争日趋激烈。麦肯锡 2024 全球建筑业竞争力报告指出,在沙特 NEOM 智慧城市项目竞标中,德国霍赫蒂夫公司采用第四代建筑机器人集群技术,实现 85% 的施工自动化率,而参与竞标的中国企业同类技术应用率仅为 62%,最终在技术评分环节落后 10 个百分点。此外,中建集团 2024 年海外项目评估报告显示,在东南亚某数据中心项目中,因当地缺乏智能预埋件供应链,被迫从欧洲空运构件,导致物流成本激增 70%

以上,严重削弱了项目盈利能力。

(3) 产业链控制力的较量

发达国家正通过工业互联网平台重构全球建筑产业链格局。中国建筑业协会 2024 年数字化报告显示,德国领先的建筑供应链管理系统可实现 98% 的建材交付准时率,而中国主流建筑产业互联网平台(如广联达、筑集采)的平均数据协同延迟仍超过 24 小时。中交建 2024 年非洲市场分析报告指出,在东非某大型体育场项目中,由于当地智能建造配套产业缺失,关键构件需要远程调配,最终物流成本增加 65%,严重影响了项目的经济性和竞争力。

(4) 新兴市场的争夺危机

在东南亚智慧城市建设的竞争中,我国企业面临全方位的挑战。《全球智慧城市发展报告 2024》指出,新加坡智慧社区项目已要求全生命周期碳足迹追踪,欧洲企业凭借成熟的数字孪生技术占据明显优势,而中国企业的技术方案仍主要停留在 BIM+GIS 的基础应用层面。更值得关注的是,根据日本国际协力机构(JICA)2023 年度报告,该机构通过系统的技术培训,已在越南、缅甸等东南亚国家培养超过 3000 名本土智能建造人才,形成了持续性的市场影响力和技术输出渠道。

> **课堂互动**
>
> 请同学结合以上学习内容,指出你认为建筑业目前最亟待解决的问题是什么,说出你的理由。并尝试补充建筑业目前存在的其他问题。

2.2 国家相关政策文件

2.2.1 政策演进脉络(2016—2025)

中国智能建造政策体系的形成与发展,深刻反映了建筑业转型升级的战略需求与国家治理现代化的内在逻辑。自 2016 年国务院首提装配式建筑发展战略以来,政策演进呈现出明显的"三阶段"特征:

第一阶段(2016—2019):技术突破期

以《关于大力发展装配式建筑的指导意见》(国办发〔2016〕71 号)为起点,政策着力破解传统建造方式的技术瓶颈。此阶段通过财政补贴(单项目最高补助 300 万元)、土地优惠(装配式项目用地优先供应)等政策工具,重点培育了中建科技、三一筑工等首批国家级产业基地。但囿于部品部件标准化程度不足(2019 年标准化率仅 38%),政策效果呈现区域分化特征。

第二阶段(2020—2022):体系构建期

《关于推动智能建造与建筑工业化协同发展的指导意见》(建市〔2020〕60 号)的出台,标志着政策重心转向全产业链协同。此阶段创新性建立"揭榜挂帅"机制,在建筑机器人、BIM 软件等领域突破 62 项"卡脖子"技术,培育出广联达、盈建科等数字化服务商。但住建部

2022年评估显示,行业数字化投入强度(0.8%)仍低于制造业平均水平(2.4%)。

第三阶段(2023—2025):生态成熟期

"十四五"系列政策的实施推动智能建造进入系统集成阶段。截至2024年6月,全国已建成24个智能建造试点城市,形成长三角"数字设计+"、粤港澳"机器人+"、成渝"产业互联网+"三大模式。但政策执行中暴露的"数据孤岛"问题依然严峻,跨部门数据共享率不足35%。

拓展学习

重庆人工智能创新中心

2.2.2 关键政策深度解析

1. 奠基性政策:《关于大力发展装配式建筑的指导意见》(国办发〔2016〕71号)

2016年国务院办公厅印发的《关于大力发展装配式建筑的指导意见》(国办发〔2016〕71号)是我国装配式建筑发展的纲领性文件,标志着建筑工业化正式上升为国家战略。该政策以破解传统建造模式"高能耗、低效率、粗放式"问题为核心目标,提出力争用10年左右时间,使装配式建筑占新建建筑面积的比例达到30%。这一目标的设定基于对建筑业碳排放结构的科学测算,数据显示装配式建筑相较于传统现浇模式可显著降低资源消耗和环境污染。

在实施路径上,该政策创新性地提出"标准化设计、工厂化生产、装配化施工、一体化装修、信息化管理、智能化应用"六大协同发展模式,其中标准化设计被置于首位,要求建立涵盖构件模数、连接节点、接口尺寸的三大标准体系。为激发市场活力,政策允许地方政府制定差异化激励措施,如容积率奖励、土地供应倾斜等。以北京市为例,2017—2023年间累计实施装配式建筑项目326个,新增商业面积89万平方米,有效带动了社会资本投入。

然而政策执行过程中也暴露出一些问题,如部分开发商为获取政策优惠仅在非承重结构采用预制构件,形成"伪装配式"现象。2024年住建部专项检查显示,通过提高预制率计算标准(现要求承重结构预制率≥20%),此类问题占比已降至12%。此外,产业配套不完善导致的质量问题依然突出,2023年统计显示约32%的装配式项目存在管线预埋不同步、接缝防水处理不达标等问题,促使2024年修订政策将RFID芯片质量追溯系统纳入强制要求。

该政策的深远影响体现在产业规模的跨越式增长上,全国装配式建筑市场规模从2016年的1.1亿平方米跃升至2023年的8.1亿平方米,培育出中建科技、远大住工等一批龙头企业。作为我国智能建造政策体系的发轫之作,该文件不仅为后续政策制定提供了基本框架,更通过"政府引导+市场驱动"的模式,推动了建筑业从传统施工向现代工业化的历史性转型。

2. 体系化政策:《关于加快新型建筑工业化发展的若干意见》(建标〔2020〕78号)

2020年,住房和城乡建设部等九部门联合印发《关于加快新型建筑工业化发展的若干意见》,标志着我国建筑工业化政策从单一技术推广迈向全产业链系统化发展的新阶段。该政策以设计标准化、生产工业化、施工装配化、装修一体化、管理信息化、应用智能化、产业现代化为主要发展方向,首次将建筑业纳入先进制造业体系进行统筹规划,旨在通过新一代信息技术驱动,整合工程全产业链、价值链和创新链,实现工程建设的高效益、高质量、低消耗、低排放。

政策重点推动建筑工业化与数字化、智能化深度融合。文件明确要求加快BIM技术在全生命周期的一体化应用,促进物联网、大数据等新一代信息技术在工程建设中的集成应用。在钢结构领域,政策强调要加强关键技术攻关,提升建筑用钢比例。

为促进产业协同发展,政策提出建设国家级新型建筑工业化示范基地,推动形成各具特色的区域发展模式。以上海为代表,重点发展数字化设计与智能制造;深圳等地则聚焦模块化建造与智慧工地建设;成都等地探索产业互联网与供应链金融的创新应用。

政策实施以来,我国装配式建筑规模实现显著增长。根据住房和城乡建设部统计数据,2023年全国新开工装配式建筑面积达到8.1亿平方米,较2016年增长近7倍。但在发展过程中也暴露出一些问题,包括部分项目存在质量管控不到位、标准体系尚不完善等情况。

该政策通过系统谋划建筑工业化、数字化、智能化发展路径,为后续智能建造政策的制定实施奠定了基础,对推动建筑业高质量发展具有重要意义。

图2-7 钢结构建筑

3. **战略性政策:《关于推动智能建造与建筑工业化协同发展的指导意见》(建市〔2020〕60号)**

2020年,住房和城乡建设部等13部门联合印发《关于推动智能建造与建筑工业化协同发展的指导意见》(建市〔2020〕60号),标志着我国建筑业正式进入工业化、数字化、智能化深度融合的新阶段。该政策以建筑工业化为载体,以数字化、智能化升级为动力,旨在构建涵盖科研、设计、生产、施工、运维的全产业链智能建造体系,推动建筑业从传统粗放模式向高质量发展转型。

政策的核心目标分为两个阶段:到2025年,基本建立智能建造与建筑工业化协同发展的政策体系和产业体系,建筑产业互联网平台初步建成,培育一批智能建造龙头企业;到2035年,建筑工业化全面实现,迈入智能建造世界强国行列。这一战略定位的核心在于通过工业化、数字化、智能化"三化融合",解决建筑业长期存在的资源消耗大、生产效率低、质量管控难等问题,推动建筑业向绿色化、集约化、智能化方向发展。

在具体实施路径上,政策强调加快建筑工业化升级,大力发展装配式建筑,推动建立以标准部品为基础的专业化、规模化、信息化生产体系。同时,加快 BIM(建筑信息模型)技术在全生命周期的集成应用,推动物联网、大数据、人工智能等技术在智慧工地、智能生产中的深度应用(参见案例一)。在建筑机器人领域,政策提出重点攻关构配件生产、现场施工等关键环节的自动化技术,探索具备人机协调、自主学习功能的建筑机器人批量应用,以提升施工效率与安全性。

为促进产业协同发展,政策鼓励打造建筑产业互联网平台,推动设计、生产、施工、运维全链条数据互通,提升供应链协同效率。政策实施以来,我国智能建造与建筑工业化取得显著进展。2023年全国新开工装配式建筑达 8.1 亿平方米,较 2016 年增长近 7 倍。部分示范项目,如佛山凤桐花园,采用测量机器人、智能施工设备后,施工效率大幅提升。然而,仍存在标准化滞后、产业链协同不足等挑战,如 BIM 与机器人接口标准尚未统一,钢结构住宅围护系统标准化率不高,影响成本控制。

总体而言,该政策是我国建筑业向智能建造转型的纲领性文件,通过"工业化＋数字化＋智能化"协同发展,推动建筑业从劳动密集型向技术密集型转变。未来需加快标准体系建设,强化产业链协同,并扩大示范项目推广,以实现 2035 年"智能建造世界强国"目标。

案例一

上海中心大厦

作为中国首座强制要求全生命周期应用 BIM 技术的超高层建筑,上海中心大厦(632米)在 BIM 技术的深度整合与创新应用上具有标杆意义。该项目通过建设单位主导的 BIM 协同管理平台,实现了设计、施工、运营各阶段的高效数据流转,最终累计发现并解决设计问题 1 万余处,节约成本超 8 千万元,并缩短关键工期 83 天。

在设计阶段,BIM 技术的核心突破在于参数化建模与多专业协同优化。由于大厦独特的旋转造型,外幕墙需采用 2 万块不同尺寸的曲面玻璃单元。设计团队基于 Rhino 参数化建模,结合 BIM 模型实时调整收缩比率(最小半径 25 米,最大 37 米),确保每一块玻璃的精确拟合。同时,机电系统通过 Revit 建立三维模型,并与建筑、结构模型进行碰撞检测,仅在地下室综合管线优化中就发现并解决 127 处冲突,避免了施工阶段的返工。此外,BIM 技术还支撑了绿色性能模拟,如利用 Ecotect 进行能耗分析,优化冰蓄冷系统布局,使非传统水源利用率提升 30%,显著降低建筑全生命周期能耗。

进入施工阶段,BIM 技术的应用重点转向数字化预制与精准进度管控。项目团队采用鲁班 BIM 算量软件精确计算每层机电管道的材料用量,使大管径管道运输误差从传统的"毛估"降至毫米级,单层节约二次运输成本超 10 万元,机电安装工程,土建工程节约率为 42%。同时,4D 施工模拟(Navisworks)动态调整钢桁架吊装顺序,优化地下室、裙楼等 4 个施工区的作业流程,确保关键路径工期缩短 83 天。值得一提的是,幕墙单元通过 Inventor 生成加工图纸后,仅 16 名工人就完成了 2 万块玻璃的精准安装,实现零返工;而机电管道的工厂化预制率提升至 85%,相比传统施工工艺,现场焊接量大幅减少,焊接变形控制在 2 毫米以内,大幅提升了施工精度与效率。

在运营阶段，BIM 模型的价值进一步延伸至智能维护与应急管理。基于 BIM 的 Archibus 系统集成了所有设备参数（如生产商、安装记录），使故障排查时间缩短 80%，例如在 35—36 层设备层的维护中，运维人员可快速调取模型数据定位问题。此外，BIM 模型还用于火灾疏散模拟，优化了 16 个卸料平台的分布，使救援响应效率提升 50%。

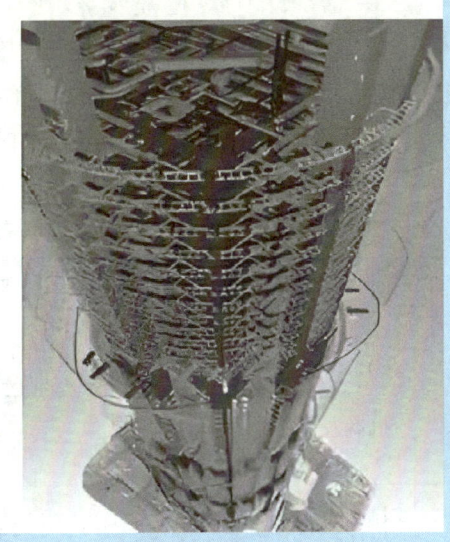

图 2-8　上海中心大厦 BIM 模型

4. 纲领性政策：《"十四五"建筑业发展规划》

2022 年 1 月，住房和城乡建设部印发《"十四五"建筑业发展规划》（建市〔2022〕11 号），作为指导建筑业未来五年发展的纲领性文件，该规划以 2035 年"迈入智能建造世界强国"为远景目标，系统部署了建筑业高质量发展的战略路径。规划首次将"智能建造"与"新型建筑工业化"协同发展作为核心战略，提出到 2025 年初步形成建筑业高质量发展体系框架，建筑工业化、数字化、智能化水平大幅提升，建造方式绿色转型成效显著。

规划以工业化、数字化、智能化为主线,推动建筑业从传统劳动密集型向技术密集型转型。在工业化方面,构建标准化设计、工厂化生产、装配化施工的完整产业体系。数字化领域则强调 BIM 技术全生命周期应用,提出到 2025 年基本形成自主可控的 BIM 技术框架和标准体系,推动设计、生产、施工数据协同。智能化方面,规划明确加快建筑机器人研发应用,重点突破施工机器人集群控制、智能感知等核心技术,并在测量、钢筋加工、混凝土浇筑等场景推广机器人替代。

作为建筑业转型升级的顶层设计,该规划通过"技术＋产业＋制度"三维创新,为行业高质量发展提供了系统解决方案。其核心价值在于将碎片化技术应用升华为全产业链协同变革,推动建筑业从"规模扩张"向"质量效益"转型。下一步需重点突破关键技术装备国产化、完善标准体系、培育复合型人才,以确保 2035 年智能建造强国目标实现。

2.2.3 配套政策体系

我国智能建造的蓬勃发展,离不开多维度配套政策体系的协同支撑。这一政策网络以技术创新为引领、市场机制为纽带、制度保障为根基,形成了覆盖标准规范、财税激励、人才培育的全链条支撑架构,其政策设计的系统性与实践落地的复杂性,在世界范围内具有鲜明的中国特色。

1. 技术标准体系的多维突破

技术标准体系的建设是智能建造落地的"基础设施"。截至 2024 年,我国已形成涵盖数字设计、智能生产、智能施工等核心领域的智能建造标准体系,累计发布多项国家标准及百余项行业、团体标准,包括《智慧建筑技术标准》(T/CECS 1529—2024)、《智能建造技术导则(试行)》等关键文件,其演进轨迹呈现出"从跟随到引领"的显著特征。

表 2-5 中外智能建造关键技术标准对比(2024 年)

标准领域	中国标准	国际对标标准	核心差异点
BIM 数据安全	《建筑信息模型存储标准》(GB/T 51447—2021)	ISO 19650	聚焦于 BIM 数据的分层存储架构及具体数据模式定义
机器人作业安全	《机器人安全总则》(GB/T 38244—2019)	ISO 10218	补充了力/速度限制、人机交互安全等要求
碳排放核算	《建筑碳排放计算标准》(GB/T 51366—2019)	EN 15978	更强调本土化数据适配

2. 财税金融政策的创新实践

智能建造的推进需要真金白银的投入支持。中国构建了"财政引导—税收调节—金融创新"三位一体的资金支持体系,其政策工具的复合运用在全球范围内具有创新意义。

智能建造领域的财政补贴政策正逐步实现精准化。根据 2023 年发布的《长沙市推进智能建造与新型建筑工业化协同发展若干措施》(长政办发〔2023〕12 号),补贴范围已从单一主体扩展至产业链多环节。在装配式建筑方面,对符合条件的智能建造示范项目,按建筑面积给予最高 100 元/平方米的补贴;对采用 BIM 技术的项目,给予不超过 50 万元的技术应用奖励。三一集团在 2023 年半年报中披露,其长沙产业园通过智能化改造获得政府专项补助共计 8 760 万元,生产线自动化率提升至约 65%。

表 2-6　2024 年智能建造财税支持政策成效

政策工具	资金规模	受益企业数量	杠杆效应倍数	典型案例	数据来源
财政直接补助	215 亿元（规划总额）	3 100 家	1∶3.8	中建科技累计获财政补贴超 6 亿元,改造 4 个 PC 工厂,新增智能化生产线 12 条,产能提升 35%	《中建科技绿色生产改造报告(2024)》
税收优惠减免	280 亿元	22 500 家	1∶6.2	广联达研发费累计扣除 12.3 亿元,推动 BIM 国产化软件市场占有率提升至 25%	《广联达 2024 年财报》
绿色金融支持	1.5 万亿元（含贷款及债券）	1 200 家	1∶9.1	上海建工发行 80 亿元碳中和债券,用于长三角绿色科技示范楼等低碳建筑项目	《上海建工碳中和债券公告(2024)》

注:杠杆效应倍数=撬动社会资本/政策资金。

3. 人才培养机制的变革重构

智能建造引发的"人才革命",推动中国建筑业人力资源结构发生根本性转变。政策体系通过教育端、职业端、企业端的三维发力,试图破解"传统工匠过剩、数字人才短缺"的结构性矛盾。

教育体系的重构始于 2021 年教育部《职业教育专业目录》增设智能建造专业,推动高校试点。截至 2024 年,全国 52 所高校开设智能建造专业,形成"基础理论(土木/机械/信息)+场景实践(如智慧工地实训)+跨学科融合(BIM/AI/物联网)"的培养模式,依托产教融合基地强化实践能力。同济大学智能建造专业(本科/硕士)深度融合 BIM 与智能建造技术,学生需参与企业实践并完成技术应用课题。有调查显示,掌握数字化技能的毕业生起薪较高(如智慧建造师起薪 8 000—20 000/月),但企业反馈指出,部分应届生在 BIM 协同、机器人操作等实操技能上仍需加强。

职业资格认证体系的革新打破传统壁垒。2023 年人社部与工信部联合发布《机器人工程技术人员国家职业标准》,涵盖机器人结构设计、控制开发等方向,并推动建筑机器人应用相关技能认证。相关职业标准要求掌握机器人编程、调试及系统集成能力,但具体分类尚未统一规定。行业调研显示,掌握建筑机器人操作技能的工程师薪资普遍高于传统施工人员。目前认证体系尚未实现国际互认,导致中国技术人员参与海外项目受限,但中国工程师联合体正推动部分工程能力国际互认,建筑机器人领域仍需突破。

企业培训机制的进化在央企改革中表现突出。中国建筑集团实施的"星火计划",投入 7.3 亿元建设覆盖所有子公司的智能建造培训中心,开发出"AR 远程指导系统"——工人通过智能眼镜可获得实时操作指引,使复杂节点施工培训时间从 14 天缩短至 3 天。但中小企

业培训投入严重不足,2023年行业调研显示,民营企业人均培训经费仅央企的23%。

表2-7 智能建造人才供需缺口分析(2025年预测)

岗位类别	需求人数	供给人数	缺口率	核心能力要求
数字化设计师	25—30万	12—15万	45—50%	BIM+GIS融合设计、参数化建模
智能装备工程师	15—20万	6—8万	60—65%	机器人运动控制、机电一体化
产业互联网架构师	10—15万	2—4万	70—75%	建筑数据中台、云计算与物联网集成

2.3 智能建造发展趋势

在全球新一轮科技革命与建筑业深度转型的历史性交汇期,智能建造正从技术应用层面的局部创新,发展为驱动行业范式变革的战略力量。这种变革呈现出多维渗透、跨域协同、生态重构的显著特征,其发展趋势可系统解构为技术进化、装备革新、产业跃迁、跨界融合、全球竞合五大维度,共同塑造着未来建造业的新图景。以下通过实证数据与理论推演的有机结合,深入剖析这五大趋势的内在逻辑与实践路径。

2.3.1 人机协作体系的范式重构

人机关系正在从传统的"主从控制"向"共生决策"演进,这种变革不仅重塑施工现场的组织形态,更催生出新型生产力关系。根据国际建筑自动化与机器人协会(IAARC)2024年报告,全球智能建造设备的人机交互效率较五年前提升3.2倍,而事故率下降57%,标志着协作模式进入新纪元。

认知增强系统的突破性应用正在改变决策机制。波士顿动力Atlas机器人与人类工程师的混合团队在迪拜某超高层项目中,通过脑机接口实现每秒18次的意图交互,使钢结构吊装效率提升40%。

群体智能的涌现效应重构现场管理逻辑。北京大兴机场扩建工程中,由278台智能机器形成的自组织集群,通过分布式决策算法动态调整施工路径,在未增加资源投入情况下提前17天完成13万平方米的钢结构施工。

伦理框架的同步构建成为智能建造领域不可忽视的议题。2024年5月,欧洲委员会通过《人工智能与人权、民主和法治框架公约》,并于同年9月开放签署。作为全球首个具有法律约束力的AI国际公约,其确立的核心原则(包括第3条的透明性、可解释性、非歧视性要求,第7条的高风险系统人工干预机制,以及第9条的算法决策完整溯源义务)虽未专门针对智能建造领域,但将间接影响建筑行业AI应用。该公约与欧盟《人工智能法案》(2025年生效)等区域性立法共同构成智能建造技术的伦理治理框架,要求可能涉及公共安全的建筑AI应用(如自动化施工系统、BIM决策工具)需符合公约的人权与民主监督要求,并遵守《人工智能法案》的高风险合规义务。目前部分国家正结合公约原则探索建筑AI的行业实施细则。

表 2-8　2010—2030 年人机协作模式演进对比

维度	机械替代阶段(2010 s)	智能协作阶段(2020 s)	认知共生阶段(2030 s)
交互方式	单向指令执行	双向数据交互	多模态感知融合
决策权重	人类绝对主导	人机协同决策(示教编程+自主避障)	有限自主决策
典型技术	工业机械臂	协作机器人	脑机互联系统
伦理关注点	安全防护缺失	数据隐私/责任界定	意识边界/算法偏见

2.3.2　高端装备的技术革命浪潮

智能建造装备正经历从"功能替代"到"能力超越"的质变,这种变革在三个维度形成突破:

极端环境建造装备的突破拓展人类活动疆域。中国铁建研发的"雪龙号"极地智能建造平台,集成-60 ℃低温电池技术与自主地热感知系统,在南极科考站扩建工程中实现全年无间断施工,将传统极地建造效率提升 7 倍。其装备的激光破冰模块可在 30 秒内穿透 3 米厚永冻层,较传统机械破冰能耗降低 83%。

图 2-9　雪龙 2 破冰船

微观精度装备的量子飞跃重塑质量管控体系。瑞士 ABB 集团最新推出的纳米级 3D 打印机器人,采用量子定位技术实现 0.1 纳米级施工精度,成功应用于芯片制造厂的抗震结构施工。这种技术突破使得建筑精度标准从毫米级向原子级跃进,倒逼 ISO 重新制定建造公差标准体系。

装备自进化系统的成熟应用打破生命周期局限。日本小松的智能挖掘机通过联邦学习技术,在全球 20 万台设备间实时共享操作数据,使新一代机型在未进行硬件升级情况下,燃油效率每年自主提升 2.3%。这种持续进化能力正在改写装备折旧的经济模型,某央企测算显示其设备残值率可因此提高 18 个百分点。

图 2-10 小松智能挖掘机

表 2-9 2025 年全球高端建造装备市场格局预测

技术领域	核心企业	市场份额	技术成熟度
极地工程装备	卡特彼勒、利勃海尔	0.5%—1.2%	L3（初步商业化）
纳米施工机器人	ABB、发那科	未商业化	L2（实验室原型）
智能建造系统	小松、三一重工	30%—35%	L4（规模化应用）
太空基建技术	NASA 合作企业、中国航天科技	<0.1%	L1（概念验证）

2.3.3 跨界融合的升维突破

建造业与其他领域的知识壁垒正在消融，形成更具创造力的技术组合：

生物建造学的范式突破开启新可能。MIT 媒体实验室的"菌丝体建筑"项目，通过基因编辑技术改造蘑菇菌丝体，使其在预设模板中生长为承重结构。这种生物打印技术在上海某生态建筑试点中，使碳排量降至传统混凝土建筑的 7%，且具备自然降解特性。该领域近三年专利数量增长 17 倍，预示建造方式将发生根本变革。

能源互联网与智能建造的深度融合重构产业边界。特斯拉 Megapack 储能系统与 BIM 的深度集成，使某数据中心项目的能源自给率突破 92%。更革命性的是，德国西门子正在测试将建筑外墙转化为钙钛矿光伏膜的"负碳建造"技术，预计可使建筑物在全生命周期内产生相当于建造成本 120% 的能源收益。

元宇宙建造系统的商业落地开辟新维度。微软 Hololens 与 Autodesk 联合开发的 MetaSite 系统，允许工程师在虚拟空间操纵真实工地设备。在纽约某地铁扩建项目中，通过元宇宙界面远程操控位于地下 60 米的盾构机,将复杂地层的掘进效率提升 55%,且实现零人员井下作业。

2.3.4 全球化发展的新秩序构建

智能建造正成为大国竞争的新焦点,技术标准与产业生态的博弈日趋激烈:

数字主权要求正深刻影响建造领域。欧盟通过《数据治理法案》等立法,要求关键领域(含建筑)数据本地化存储。据行业估算,中国建筑科技企业的欧盟合规改造成本普遍增加数千万欧元量级。这种数据主权要求的强化,促使部分企业开发符合欧盟要求的分区域技术方案。

太空建造技术竞赛持续升温。NASA 资助 ICON 等企业研发的月球基地建造系统,采用月壤原位 3D 打印技术,目标在 2030 年代建立可持续月球前哨站。中国探月工程规划的月球科研站建设,正在探索磁悬浮建造机器人等创新方案以应对月球低重力环境。

表 2-10　2025 年全球高端建造装备市场格局预测

趋势维度	技术协同度	产业影响度	标准主导权	地缘敏感性
人机协作	★★★★☆	★★★☆☆	★★☆☆☆	★☆☆☆☆
高端装备	★★★☆☆	★★★★☆	★★★☆☆	★★☆☆☆
产业跃迁	★★☆☆☆	★★★★★	★★★★☆	★★★☆☆
跨界融合	★★★★★	★★★★☆	★★☆☆☆	★☆☆☆☆
全球竞合	★★☆☆☆	★★★☆☆	★★★★★	★★★★★

注:(★表示强度等级,☆代表半星,满级 5 星)

单元综合考核

1. 根据表 2-1,分析中国与德国在"建筑机器人应用密度"指标的差距,结合珠三角超高层项目案例(人工操作占比 70%),说明技术代差对生产效率的影响。
2. 对比《关于大力发展装配式建筑的指导意见》(2016)与《"十四五"建筑业发展规划》(2022)的核心目标,阐述政策重心从"规模化推广"到"全产业链协同"的演变逻辑,并举例说明其落地举措(如容积率奖励、智能建造试点城市)。
3. 依据 2.3.1 节"人机协作体系范式重构"内容,解释波士顿动力 Atlas 机器人如何通过脑机接口提升迪拜项目吊装效率 40%,并分析此类技术对传统施工管理模式的冲击。
4. 在"双碳"目标与人口红利消退的双重压力下,试讨论中国建筑业如何破局?

模块二

认知全新智能技术

木兰花慢馀集卷八

学习单元 3　智能建造核心技术

```
                          ┌─ 5G互联网
                          ├─ 大数据
                          ├─ 云计算
                          ├─ 物联网
              ┌─ 通用类技术 ┼─ 人工智能
              │           ├─ VR技术
              │           ├─ AR技术
              │           └─ 3D打印
智能建造核心技术 ┤
              │           ┌─ BIM技术
              │           ├─ GIS技术
              └─ 建造类技术 ┼─ 智能施工机械
                          ├─ 智能施工设备
                          └─ 智能穿戴设备
```

知识目标：

(1) 理解通用类技术原理并掌握其在建筑领域中应用范围；
(2) 理解建造类技术原理并掌握其在实际工程中应用案例。

能力目标：

(1) 能说出各类技术的特征和适用范围；
(2) 能结合生活案例或工程案例判定使用的技术类型。

素质目标：

(1) 锻炼分析实际问题、解决实际问题的能力；
(2) 培育科学精神和创新精神；
(3) 增强数字素养和数字意识。

047

3.1 通用类技术

互联网、物联网、大数据和人工智能等技术深刻改变了人们的生活、生产方式及社会组织形态,给我国的工业体系带来了巨大改变。新一轮工业革命席卷全球,德国提出了工业4.0、美国提出了工业互联网、中国提出了《中国制造2025》。

本节主要介绍5G互联网、大数据、云计算、物联网、人工智能等技术。

3.1.1 5G互联网

1. 5G互联网简介

移动通信即无线通信,主要采用无线电波频率来通信。以80年代第一代移动通信技术(1G)发明为标志,经历30多年的持续发展,随着高质量、高速度、大容量通信的需求,2G、3G、4G、5G应运而生。

5G,即第五代移动通信技术(5th Generation Mobile Communication Technology),相较于以往的移动通信技术而言,5G一改面向消费娱乐通信应用的目标,专门设计了高上行速率、低时延、高可靠、海量连接、高能效、高安全等工业特性,成为面向各行业应用的工业级移动通信系统。据IMT-2020(5G)推进组研究,5G将具备比4G更高的性能,二者的性能对比如图3-1所示。同时,5G还需要大幅提高网络部署和运营的效率,相比4G,频谱效率提升3倍,能效和成本效率提升百倍以上。

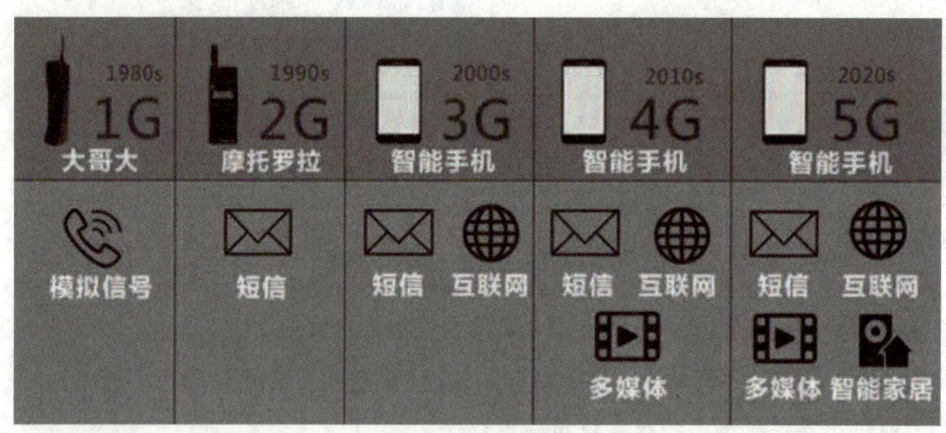

图3-1 1G~5G对比

人们对体验的需求是无止境的,5G的系统设计使得移动通信替代固定宽带成为可能。解决人与人的通信需求之后,怎么解决人与物、物与物的通信需求是5G的重点。由于采用了一系列技术创新,如更加精细化的调度方案(F-OFDM基于子带滤波的正交频分复用、网络切片、Grant-free等)和无线增强技术(Polar码、Massive MIMO、3D-Beamforming等),使5G成为确定性网络,为实时性和安全性要求高的工业应用打下了基础,也将因此而改变社会。这也就是为什么说"4G改变生活,5G改变社会"。

未来5G将渗透到社会的各个领域,拉近万物的距离,使信息突破时空限制,提供极佳的交互体验,最终实现"信息随心至,万物触手及"。更重要的是,5G技术将伴随人工智能、云计算、大数据、区块链等高精新技术协同发展,实现万物感知、万物互联、万物智能,推动全产业链创新融合发展,引领一场新的技术革命,给各行各业带来全新的发展机遇。

图 3-2　5G技术覆盖领域

2. 5G互联网技术在建筑领域中的应用

在建筑施工行业,由于工程项目地域分散、从业人员移动工作、施工现场环境复杂,制约着互联网的应用实施。随着移动互联网的发展,如5G网络的普及,平板式计算机、智能手机等终端设备的技术成熟与普及,利用移动互联网代替传统互联网进行日常工作和生产作业成为可能。施工企业信息化系统通过移动平台建设,将信息化管理系统延展到移动终端上,将传统的"办公室信息化"扩展到任意地点,解决了施工行业对信息实时传递的业务需求。决策层可以随时随地审批,大大提高了施工企业的运作效率和运作质量。施工单位移动互联网应用主要包括以下几个方面。

(1) 在用户管理中的应用。充分利用移动互联网的实时性和便携性等特性,将移动互联网应用于用户管理、项目管理中,或者与现有的用户ERP、项目管理系统进行集成应用。例如,用户办公系统有逐渐向移动端转移的趋势,流程审批、公文流转、通知公告、日程提醒等均通过智能手机完成,极大地提高了办公效率。项目管理系统与移动应用集成,现场人员通过移动设备分发任务,加快了信息传递的效率;管理层通过移动终端可直接审批流程,随时查看项目进度、成本、质量等业务数据,辅助决策。

(2) 在业务工作中的应用。施工现场人员流动作业、工地环境复杂,项目管理人员多是在现场作业,移动通信成为刚需。通过移动互联网应用可提高信息共享和传递的效率,以辅助现场工作。例如,现场通过移动终端实现电子化的图纸或模型的共享和展示,方便变更商洽、设计交底、施工指导、质量检查等工作。

（3）**与新技术的集成应用**。首先是与 BIM 技术的集成应用。在施工质量检查过程中，质量管理人员可应用移动终端设备调用 BIM 文件，通过三维模型与实际完工部位进行对比检查。然后是与物联网技术集成应用，通过 RFID、电子标签、测量器、传感器、摄像头等终端设备，实现对项目建设过程的实时数据采集和有效管理，并结合移动设备，将这些实时数据传输出，提高作业现场管理能力，加强人与建筑交互。

> **课 堂 互 动**
>
> 2016 年，二维码扫码支付开始普及，人们出门不再需要随身携带现金。请你结合自身的经历谈谈互联网的发展给我们生活带来了什么变化。

3.1.2 大数据

1. 大数据简介

大数据是指海量的数据，大数据技术是一种对大规模、多样化的数据通过高速捕获、发现并进行分析、处理的技术，数据处理能力远高于传统数据库软件。

大数据具备如下特点，简称"4V"：

（1）**数据体量大（Volume）**。数据体量大是指大数据巨大的数据量与数据完整性，数量的单位从 TB 级别跃升为 PB 级别甚至 ZB 级别。随着新一代信息技术的发展及各类设备的使用，人和物的所有轨迹都可以被记录，"机器对机器"（M2M）方式的出现，使得交流的数据量成倍增长。

（2）**数据种类多（Variety）**。伴随着传感器以及智能设备、社交网络等的飞速发展，数据类型也变得更加复杂，不仅包括传统的关系数据类型，也包括以网页、视频、音频、邮件、文档等形式存在的原始、半结构化和非结构化的数据。

（3）**处理速度快（Velocity）**。处理速度快通常理解为数据的获取、存储以及挖掘有效信息的速度快。现在有些数据是爆发式产生，且数据是快速动态变化的，难以用传统的系统去处理。大数据有批处理和流处理两种范式，以实现快速的数据处理。

（4）**价值密度低（Value）**。在数据量呈指数增长的同时，隐藏在海量数据中的有用信息却没有相应比例地增长，反而使人们获取有用信息的难度加大。以视频为例，在连续的监控过程中，有用的数据可能仅有一两秒。

2. 大数据技术在建筑领域中的应用

大数据在工程建设领域的应用主要是通过采集、存储、分析、展示在建设工程项目全生命周期产生的数据，从中汲取知识、预测未来、风险管理，辅助项目进行系统性决策，以促成项目，具体应用案例如下：

（1）**基于大数据的工程招投标**。目前，我国招投标过程中仍存在如串通投标、虚假招标等问题。而通过对工程大数据的收集、存储、分析后，既能快速核实招投标中各方信息，预测招投标相关情况，还能为交易决策提供强有力的数据支撑。如图 3-3 所示。此外，基于工程大数据,还能统计行业内的信用信息,建立招投标市场主体履约信息系统,促进工程招投标过程的公平、公正、公开。

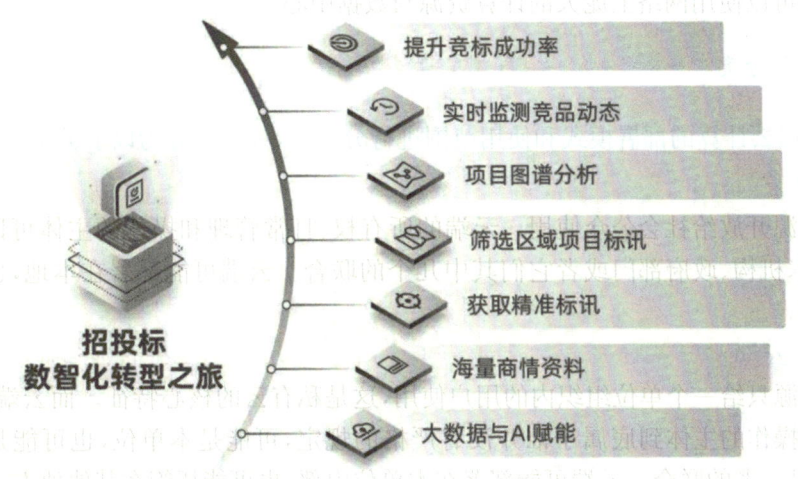

图 3-3 大数据在招投标中应用

(2) 基于大数据的施工管理。如在安全管理方面,工程项目具有一定复杂性,传统施工项目难以对人、材、机等进行有效控制和管理,规避安全隐患。而通过工程大数据的采集、存储、分析等环节实现其有效利用,并对工程项目安全进行风险预测;如在进度管理方面,现阶段的施工进度计划管理难以离开现有的软件以及部分进度管理系统,基于现有软件、系统收集的进度数据,并对其进行汇集、分析,可得出影响进度的因素及工期履约情况;如在质量管理方面,依靠对工程大数据分析,施工单位能够全面掌握凝土抗压强度、钢筋的焊接等数据,从而有效预判、管理和解决施工质量问题;如在环境管理方面,施工单位可利用建筑废弃物监管系统,实现对现场废弃物的计量、运输、处理等环节的信息化管理,政府则能宏观地了解项目废弃物的总体排放、回收情况。

3.1.3 云计算

1. 云计算简介

云计算(Cloud Computing)是分布式计算的一种,指的是通过"云"将巨大的数据计算处理程序分解成无数个小程序,通过多部服务器组成的系统进行处理和分析,并将结果返回给用户。

狭义上讲,云计算就是一种提供资源的网络,使用者可以随时获取"云"上的资源,按需求量使用,并且资源可以看成是无限扩展的,只要按用量付费就可以。"云"就像自来水厂一样,可以随时提供水,并且不限量,用户按照需求用水,按用水量付费。

广义上说,云计算是与信息技术、软件、互联网相关的一种服务,这种计算资源共享池叫作"云"。云计算把许多计算资源集合起来,通过软件实现自动化管理,只需要很少的人参与,就能快速提供资源。也就是说,计算能力作为一种商品,可以在互联网上流通,就像水、电、煤气一样,可以方便地被取用,且价格较为低廉。

云计算不是一种全新的网络技术,而是一种全新的网络应用概念。云计算的核心概念就是以互联网为中心,在网站上提供快速且安全的云计算服务与数据存储,让每一个使用互联网的人都可以使用网络上庞大的计算资源与数据中心。

2. 云计算分类

(1) 根据云计算的部署模式和使用范围进行分类,云计算可分为以下类型:

① 公共云

云端资源开放给社会公众使用。云端的所有权、日常管理和操作的主体可以是一个商业组织、学术机构、政府部门或者它们其中几个的联合。云端可能部署在本地,也可能部署在其他地方。

② 私有云

云端资源只给一个单位组织内的用户使用,这是私有云的核心特征。而云端的所有权、日常管理和操作的主体到底属于谁并没有严格的规定,可能是本单位,也可能是第三方机构,还可能是二者的联合。云端可能部署在本单位内部,也可能托管在其他地方。

③ 社区云

云端资源专门给固定的几个单位内的用户使用,而这些单位对云端具有相同的需求(如安全要求、云端使命、规章制度、合规性要求等)。云端的所有权、日常管理和操作的主体可能是本社区内的一个或多个单位,也可能是社区外的第三方机构,还可能是二者的联合。云端可能部署在本地,也可能部署在其他地方。

④ 混合云

混合云由两个或两个以上不同类型的云(公共云、私有云、社区云)组成,它们各自独立,但用标准的或专有的技术将它们组合起来,而这些技术能实现云之间的数据和应用程序的平滑流转。将多个相同类型的云组合在一起属于多云的范畴,比如两个私有云组合在一起,混合云也属于多云的一种。由私有云和公共云构成的混合云是目前最流行的,当私有云资源短暂性需求过大(云爆发)时,会自动租赁公共云资源来平抑私有云资源的需求峰值。例如,网店在节假日期间点击量巨大,这时就会临时使用公共云资源来应急。

⑤ 行业云

行业云是针对云的用途来说的,不是针对云的拥有者或者用户。如果云平台是针对某个行业进行特殊定制的(如汽车行业),则称为行业云。行业云的生态环境所用的组件都是比较适合相关行业的组件,并且上面部署的软件也都是行业软件或其支撑软件。例如,如果是针对军队所建立的云平台,则上面部署的数据存储机制应当特别适合于战场数据的存储、索引和查询。行业云适合所针对的行业,但对一般的用户可能价值不大。一般来说,行业云的构造会更为简单,其管理通常由行业的龙头老大,或者政府所指定的计算中心(超算中心)来负责。

(2) 根据云计算的服务层次和服务类型进行分类,可以分为三层:基础设施即服务(IaaS)、平台即服务(PaaS)和软件即服务(SaaS)。不同的层提供不同的云服务,如图 3-4 所示。

① 基础设施即服务(Infrastructure as a Service,IaaS)

IaaS 位于云计算三层服务的最底端,是狭义的云计算所覆盖的范围,就是把 IT 基础设施像水、电一样以服务的形式提供给用户,以服务形式提供基于服务器和存储等硬件资源的可高度扩展和按需变化的 IT 能力,通常按照所消耗资源的成本进行收费。

该层提供的是基本的计算和存储能力,以计算能力的提供为例,其提供的基本单元就是服务器,包含 CPU、内存、存储、操作系统及一些软件。

② 平台即服务(Platform as a Service,PaaS)

PaaS 位于云计算三层服务的中间,通常也称"云操作系统"。它提供给终端用户基于互联网的应用开发环境,包括应用编程接口和运行平台等,支持应用从创建到运行整个生命周期所需的各种软硬件资源和工具,通常按照用户登录情况计费。在 PaaS 层面,服务提供商提供的是经过封装的 IT 资源,或者是一些逻辑资源,如数据库、文件系统和应用运行环境等。

③ 软件即服务(Software as a Service,SaaS)

SaaS 是最常见的云计算服务,位于云计算三层服务的顶端。用户通过标准的 Web 浏览器来使用互联网上的软件。服务供应商负责维护和管理软硬件设施,并以免费或按需租用方式向最终用户提供服务。这类服务既有面向普通用户的,也有直接面向用户团体的,用于帮助处理工资单流程、人力资源管理、协作、客户关系管理和业务合作伙伴关系管理等。这些 SaaS 提供的应用程序减少了客户安装与维护软件的时间及其对技能的要求,并且可以通过按使用付费的方式来减少软件许可证费用的支出。

本地部署与云端部署的层级架构示意

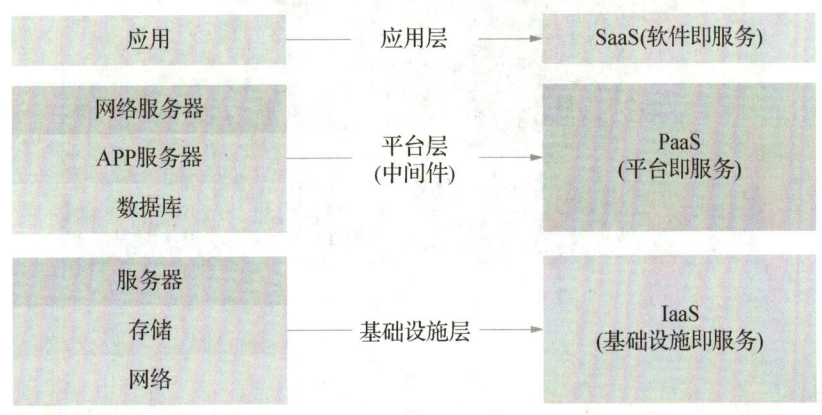

图 3-4 云计算的三种模式

3. 云计算技术在建筑领域中的应用

云计算作为一种新兴的信息技术,正逐渐在建筑领域展现出重要价值,其应用主要体现在以下几个方面:

(1) 设计阶段进行协同设计和模拟分析

建筑设计往往涉及多个专业团队,如建筑师、结构工程师、电气工程师等。云计算为这些团队提供了一个实时共享和协作的平台。通过基于云的设计软件,不同专业的设计师可以在同一云端项目文件上进行操作,即时看到他人的修改,方便随时沟通和协同工作,大大提高设计效率,减少因沟通不畅导致的设计冲突和错误。

另外,建筑设计需要对各种性能进行模拟分析,如采光、通风、能耗等。云计算强大的计算能力能够快速处理大量数据,完成复杂的模拟任务。利用云平台上的建筑能耗模拟软件,可以对不同设计方案的能源消耗进行精确模拟,帮助设计师优化设计,打造更节能的建筑。

(2) 施工阶段进行安全监控和项目管理

施工现场的各类传感器(如摄像头、传感器节点等)收集到的大量数据可以实时传输到云端进行分析。例如,通过对塔吊运行数据(如高度、角度、载重等)的实时监测和云计算分析,能够及时发现潜在的安全隐患,提前预警,避免塔吊事故的发生。

对于施工现场的人员安全管理,利用云计算结合人脸识别技术,可对进入施工现场的人员进行实时身份验证和行踪跟踪,确保只有经过授权的人员进入危险区域,保障施工安全。

云计算为建筑施工项目管理提供了集成化的平台。项目管理者可以在云端实时更新项目进度、资源分配、质量检查等信息,所有项目相关人员,包括施工人员、监理、供应商等都能通过网络随时获取最新数据,实现高效的信息流通和协同工作。

图 3-5 人脸识别进入施工现场

课堂互动

大部分社交媒体都是利用了大数据和云计算技术个性化推送用户感兴趣的内容,请你结合自身理解谈谈在大数据时代我们如何保证个人信息安全。

3.1.4 物联网

1. 物联网简介

物联网就是物与物之间相连的网络。物联网最初是指实实在在的物体或物品,借助传感手段和相关的一些设备,有效实现和因特网的连接,以便完成对物体智能化的识别并实现管理的一种新型的网络。在信息技术发展迅猛的今天,物联网的定义也不断发生着变化。"万物的连接形成了物联网"这一定义很好地总结了网络对时间、地点、任务以及发展的过程。物联网技术的本质是人工智能、感知技术、现代网络技术及自动化技术的有机结合体。物联网技术有效地实现了物物、人物互联,营造了科技化、智能化、一体化、系统化的智能世界。

物联网的广泛运用为相关的行业在一定程度上提供了新的思路、理念及工作方法。通过运用物联网技术,"物"也具有了智慧,"智慧地"为人类服务。物联网是对现实中的物与物进行的智能化、系统化和网络化过程。物联网技术把网络技术、感知技术和人工智能技术进行了有效的整合,并且在一定程度上促进了技术的完善和发展。智能建筑物联网的结构如图3-6所示,它包括感知层、网络层和应用层。

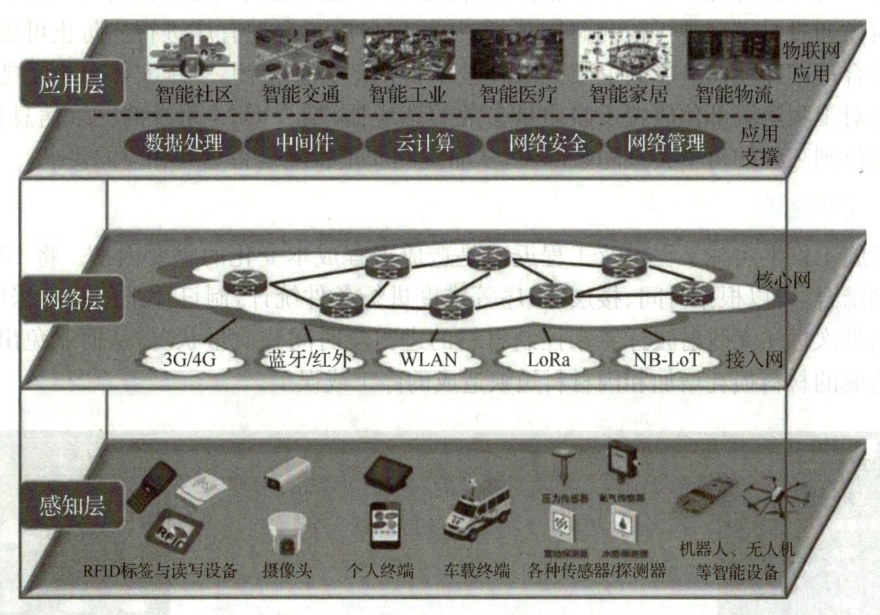

图3-6 物联网的结构

2. 物联网技术在建筑领域中的应用

通过物联网技术可以提升建筑工程在设计、施工、采购、验收等方面的效率和科学性,且当前物联网技术在建筑工程中已经被推广应用,效果也较为显著,见图3-7。对建筑工程以及相关施工流程进行信息化是一种必然趋势,利用无线射频芯片以及二维码等技术就可以对相关构件生产、检验、入库等信息进行记录并追踪,进而保证建筑工程的整体质量。随着物联网芯片技术的进一步发展,可以将相关的射频芯片设置为跟踪芯片对施工过程以及验收工作的信息采集,实现全程监控体系,进而提升工程质量。以下主要介绍物联网在建筑领域施工阶段的应用。

(1) 监控管理

通过物联网技术可以实现对事物和作业的不间断监测以及预知高层建筑、桥梁、隧道、水坝等结构局部的荷载及状况,及时响应突发事件,还可以设计一些通过提供工作活动必需的实时信息来帮助工作人员提高过程意识的智能工具,如以压缩空气为动力的气动路面破碎机能高效完成钢筋混凝土、岩石、沥青的破碎工作,适宜桥梁、道路养护、抢修及拆除的施工作业。

(2) 施工安全

在施工过程中，施工事故隐患无处不在。基于 BIM 技术的物联网应用可以改善并避免安全生产事故的发生。例如，在临边洞口、出入口防护棚、电梯井口等防护设施上使用无线射频识别标识，并在标签芯片中载入对应编号、防护等级、报警装置等，在与管理中心的系统相对应后，可达到实时监控的效果。

(3) 技术质量

目前，工程人员依据二维平面图进行工程施工，在施工达到一定阶段时可以在施工阶段的任何时候通过对模型进行检测碰撞分析，从而确保施工合理有序进行。防止可能会因设计上的不合理或冲突而造成的返工。BIM 技术提供的碰撞检测、多维实体分析功能利用物联网技术对工程隐蔽部位放置反映质量参数的感应器，结合 BIM 系统的三维信息技术，可以精准定位到工程的每个关键隐蔽部位，从而检测质量状况是否达到相应的要求。

(4) 成本控制

工程施工发生实际工程量及工程返工是造成工程成本变化的重要因素。将 BIM 技术和物联网结合，可以根据时间、楼层、工序等维度进行条件统计，制订详细的材料采购计划，并对材料批次标注无线射频标签来控制材料的进出场时间和质量状况，从而避免出现因管理不善造成的材料损耗增加和因材料短缺造成的停工或误工。

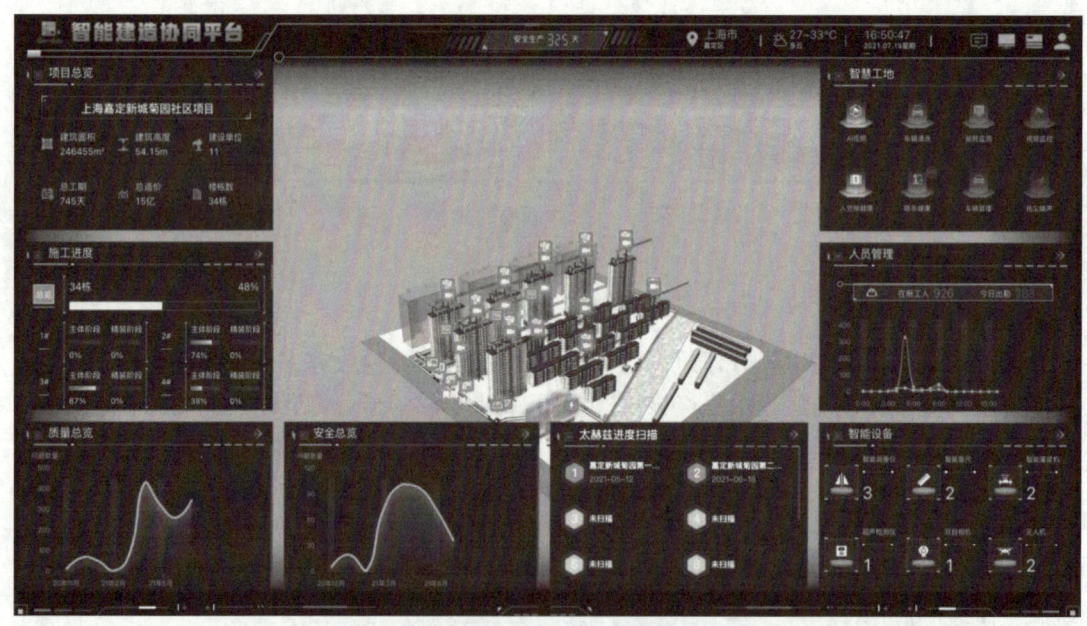

图 3-7 基于物联网的智能建造协同平台

3.1.6 人工智能

1. 人工智能简介

《人工智能标准化白皮书》认为，人工智能是利用数字计算机或者数字计算机控制的机器模拟、延伸和扩展人的智能,感知环境、获取知识并使用知识获得最佳结果的理论、方法、技术及应用系统。人工智能技术的特点包括:

(1) 以人为本,为人类提供服务。从根本上来说,人工智能系统必须以人为本。这些系统是人类设计出的机器,按照人类设计的程序、算法、硬件载体进行运行或工作,其本质体现为计算。通过对数据的采集、加工、处理、分析和挖掘,系统形成有价值的信息流和知识模型,为人类提供延伸人类能力的服务,实现人类期望的一些"智能行为"的模拟。

(2) 环境感知,与人交互互补。人工智能能够通过各类传感器对外界环境进行感知,接收来自环境的各类信息并做出必要的反应。借助一定载体,人与机器间进行交互、互动,使机器能够理解人类的需求,并实现机器与人类的共同协作、优势互补。

(3) 有自适应性,能迭代学习。在理想情况下,人工智能可以根据环境、条件变化来自适应调节参数或更新优化模型;并在此基础上广泛扩展与云、端、人、物的数字化连接,实现机器客体乃至人类主体的演化迭代,从而应对不断变化的外部环境。

2. 人工智能技术在建筑领域中的应用

目前,机器学习、自然语言处理、计算机视觉、生物特征识别等人工智能的核心技术已被运用于建筑设计、施工、运维等阶段,成功替代了建设工程全生命周期中存在的大量简单重复的体力和脑力劳动,极大地解放了劳动力并提升了工作效率,提高了工作的精准度和工程质量。目前人工智能技术在建筑领域中的应用主要如下:

(1) 机器学习在建筑领域的应用

机器学习从数据或样本出发,寻找规律并利用规律,基于反复试验来学习或模拟人类行为。在建筑领域,机器学习可以基于对现有数据的学习,列举海量的组合和替代方案,并不断优化路径进行自我纠偏,选出最佳方案,辅助项目决策。如在建筑设计阶段,机器学习算法凭借计算机的存储能力、记忆能力和运算能力,在不断地寻找规律中创造出更优的建筑设计方案;如在建筑施工阶段,机器学习能够用于项目的精确测算和决策辅助,通过各类传感器自动获取施工现场信息,从而根据现场情况自行调整人员、材料、进度、预算的规划策略。

(2) 自然语言处理技术在建筑领域的应用

自然语言处理技术可以将非结构化的文本信息转化为结构化信息,如在设计阶段,对项目中使用建筑信息模型的用途进行分类,并对原有案例的设计协调、冲突检测进学习,这样获取相似案例,为建设项目的图纸设计和方案规划提供辅助决策;在施工阶段,辅助管理人员进行合同管理。如工程索赔方面,提取索赔文本和关系,实现建筑索赔法律自动化分析。

(3) 计算机视觉技术在建筑领域的应用

利用计算机视觉技术结合机器学习的理论和方法可以实现图像场景的自动化识别和分类,机器能够像人一样提取、处理、理解和分析图像以及图像序列,将这些应用延伸至建设工程领域,可以帮助完成设计阶段快速建模、现场材料设备检测等任务。如根据卫星航拍的建筑轮廓,通过图像识别实现二维图形到三维模型的自动生成。在施工阶段,可以辅助开展施工安全等的现场监控,如塔式起重机交叉作业时的碰撞事故、设备超载、结构受损等,从而实现实时安全引导,减少安全事故发生,见图3-8。

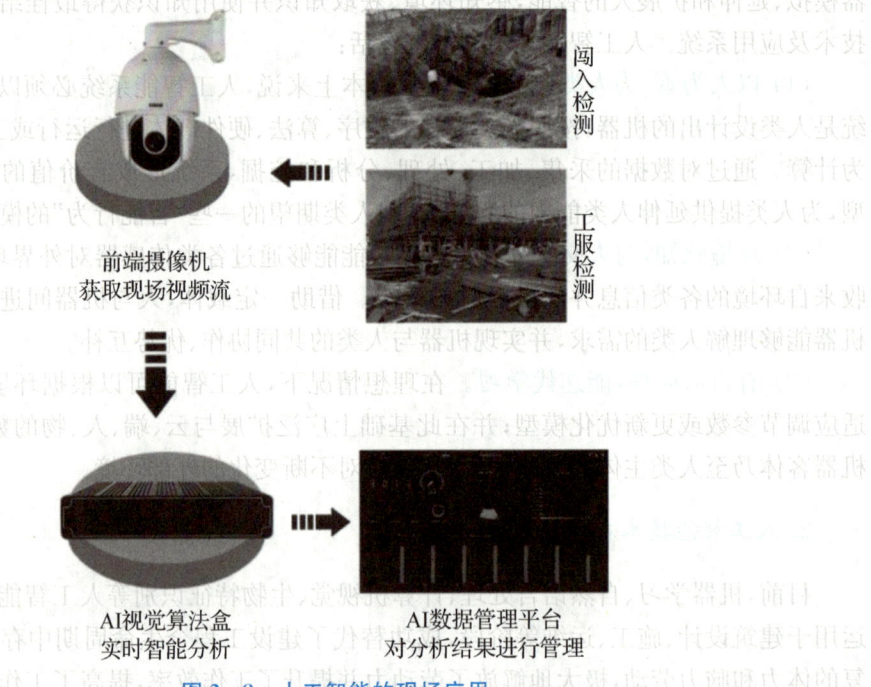

图 3-8 人工智能的现场应用

(4) 生物特征识别技术在建筑领域的应用

生物特征作为智能化认证的重要技术，可实现指纹、掌纹、人脸、虹膜、声纹、步态等多种生物特征的识别。如在施工阶段，基于人脸识别系统实现现场自动化人员考勤管理；后期运维和管理也是建筑全生命周期中的关键环节，从简单的人脸识别、指纹开锁到智能家居系统，人工智能已经在建筑运维中为用户提供了多种便捷的服务。将基于生物特征识别的人工智能系统用于建筑的运维管理，可以实现人员进出口自动控制、费用在线缴纳以及温度、灯光、湿度等的自动调控。

课堂互动

基于人工智能技术的无人塔吊已经在全国多地普及，请收集相关资料，解释人工智能是如何运用于无人塔吊的。

3.1.7 VR技术

1. VR技术简介

虚拟现实技术(Virtual Reality,简称 VR)是一种利用计算机创建并体验虚拟环境的仿真系统,它通过融合多源信息的、实时的三维动态视景,以自然的方式与基于实体行为的系统相交互,从而使用户得到视觉、听觉、触觉一体化的沉浸式体验。VR 技术具有如下特点：

(1) 沉浸性。也称临场感，作为 VR 技术的最主要特征，它是指用户从心理和生理上感受到置身于计算机所创建的三维虚拟环境的真实程度。沉浸性来源于对虚拟环境的多感知性,包括视觉感知、触觉感知、味觉感知、嗅觉感知和运动感知等,以实现在用户对虚拟空间中刺激的感知,达到思想共鸣、心理沉浸,产生如同进入现实世界的效果。

(2) 交互性。这是一种近乎自然的交互,是用户对虚拟世界中对象的可操作程度和从环境中得到反馈的自然程度(包括实时性)。在虚拟空间中,用户借助各种专用设备(如头盔显示器、数据手套等)以自然的方式在虚拟环境中自主交流或操作对象时,周围环境会产生如同真实世界的反应。

(3) 构想性。也称想象性,是用户进入虚拟空间,实现与周围对象的交互,进而扩宽事物的认知范围,以创造出真实世界不存在或不可能发生场景的能力程度。构想性也可以理解为用户对虚拟环境中多源信息和自身行为的认知,通过联想、推理和逻辑判断等思维过程,对复杂系统中的运动机理和规律进行深层次认识。

2. VR 技术在建筑领域中的应用

(1) 基于虚拟现实技术的建筑规划设计。设计人员利用 VR 技术可以可视、动态、全方位地展示建筑物所处的地理环境、建筑外貌、建筑内部构造和各种附属设施,使人们能够在一个虚拟环境中,甚至在未来建筑物中漫游,如图 3-9 所示。目前,VR 技术已成为建筑方案设计、装修效果展示、方案投标、方案论证及方案评审的有力工具。

(2) 基于虚拟现实技术的建筑施工管理。在三维可视化虚拟环境中,设计人员可利用 CAD 设计软件建立对象结构实体模型,将模型的几何信息输入有限元分析软件(如 ANSYS 等)中,建立三维可视化有限元模型,然后对有限元模型进行计算分析。有限元模型数据和分析结果数据分别存入相应的数据库中,并转化成图形数据文件,表达为图形或图像的形式,使设计人员沉浸在三维可视化的虚拟环境中观察模型的模拟和计算,并实时地对模拟过程进行修改,直到获得满意的方案。最后将最优施工方案的结果存入数据库,为绘制施工图提供可靠依据。

图 3-9 基于 VR 技术的全息投影

> **课堂互动**
>
> 学校具备 VR 实训条件的,组织学生进行 VR 体验,让学生谈一谈 VR 技术的优势。

3.1.8　AR 技术

1. AR 技术简介

增强现实技术(Augmented Reality,简称 AR),是一种将真实世界信息和虚拟世界信息"无缝"集成的新技术,是把原本在现实世界的一定时间和空间范围内很难体验到的实体信息(视觉信息、声音、味道、触觉等)通过模拟仿真后再叠加,将虚拟的信息应用到真实世界,被人类感官所感知,从而达到超越现实的感官体验,实现了从"人去适应机器"到技术"以人为本"的转变。随着科技的发展,增强现实越来越贴近人们的生活。

AR 技术指的是用虚拟内容来做视觉上的增强,通过屏幕或投影设备来显示,其本质是通过计算机技术将生成的虚拟物体、场景、视频、音频、动画及提示信息等叠加到真实世界,通过混合技术给用户呈现一个信息增强的现实世界与虚拟世界的混合体,其特征包括:

(1) 虚实交融。也称虚实结合,是将虚拟对象合成或叠加到真实世界,实现虚拟环境与真实环境的融合,强化真实而非完全替代真实。用户可以在虚实融合的世界里更细致地观察内容,探索世界的奥妙。

(2) 实时交互。是使用户进入虚实融合的环境后产生的一种具有"真实感"的复合视觉效果场景,该场景可以跟随真实环境的变化而改变。如虚拟对象可以同用户或真实对象以自然的方式交互,用户也可以通过实时操作、多感官信息的获取,体验情感交互与认知交互。

(3) 三维注册。又称三维沉浸,指利用用户在三维空间里的行为来调整计算机中的虚拟信息,使用户的心理和生理在虚拟世界中得到的认知体验与真实世界中的一模一样,甚至超越在真实空间的体验感。

2. AR 技术在建筑领域中的应用

增强现实技术是将相应的数字信息植入虚拟现实世界界面,有力弥补了建筑业向数字化、信息化迈进中对可视化管理平台缺失的问题。

(1) 基于增强现实技术的建筑设计仿真。增强现实可以与虚拟现实一样进行建筑设计仿真,但与虚拟现实的建筑设计仿真相比,增强现实在进行设计的过程中,设计人员可以不用对建筑的周边环境进行建模处理,这样不仅能够缓解设计人员在仿真工作中的工作量,同时也能够对建筑设计的进程起到促进作用。在最后的输出结果中,周边环境的情况真实有效,设计人员会更加贴切和合理地做出建筑设计方案和准确有效的评估。

(2) 基于增强现实技术的建筑施工。技术员与工人在施工现场利用 AR 技术所形成的图像进行交底。如利用 BIM 软件或其他 3D 类软件,制作工法样板相关模型以及工艺工序动画,封装以后,载入 AR 平台,通过这类平台对现实环境进行扫描,从而将制作的 BIM 模型与现实环境相关联,投影到现实世界的图样中,见图 3-10。此种方式将纸质版的施工工艺方案作为 AR 施工的触发载体,结合方案中涉及的 BIM 节点、工艺流程动画等,直观感受需要被建造的结构及其与现实空间的关系,并且快捷查看建筑信息。相比于前一种交底方式的 BIM 模型,此图像更为直观,让人更容易理解空间关系。这种方法操作简单,性价比较高。

图 3-10 基于 AR 技术的建筑施工

> **课堂互动**
>
> 说说 VR 和 AR 技术的相同点和不同点。

3.1.9 3D 打印

1. 3D 打印简介

3D 打印(3DP)是快速成型技术的一种,又称为增材制造技术,它是一种以数字模型文件为基础,运用粉末状金属或塑料等可黏合材料,通过逐层打印的方式来构造物体的技术。3D 打印通常是采用数字技术材料打印机来实现的,常在模具制造、工业设计等领域被用于制造模型,后逐渐用于一些产品的直接制造,已经有使用这种技术打印而成的零部件。该技术在珠宝、鞋类、工业设计、建筑、工程和施工(AEC)、汽车、航空航天、牙科和医疗产业、教育、地理信息系统、土木工程等领域都有所应用。

2016 年,住建部发布《2016~2020 年建筑业信息化发展纲要》,规定积极开展建筑业 3D 打印设备及材料的研究。结合 BIM 技术应用,探索 3D 打印技术运用于建筑物品、构件生产,开展示范应用。3D 打印混凝土建筑目前在国内还处于起步阶段,国内高校、研究院联合建筑单位正在研制和开发 3D 打印建筑技术,从建造逻辑、结构形式、建造技术方面与传统建造方式进行对比,理论上分析论证了 3D 打印建筑技术的可行性和应用趋势。

3D 打印技术具有如下特点:

(1) 较低的成本。打印建筑构件可有效避免材料存储成本,也可充分利用建筑垃圾等,形成资源循环利用;3D 打印建筑工期短,所需的劳动力少,劳工成本低。

(2) 塑形能力强。3D 打印适合异形混凝土构件的建造,可以实现中空、镂空制作,实现传统技术无法实现的形状。

(3) 环保性强。构件提前预制，建筑安装工程产生的建筑垃圾和灰尘等比传统方法少。建筑 3D 打印技术作为一项高新制造技术，在建筑施工效率、人力节省、资源环保等方面有着明显技术优势。3D 打印建筑不需模板施工，一次成型，减少资源消耗，避免因返工和因尺寸差别而导致的资源浪费。

2. 3D 打印在建筑领域中的应用

3D 打印技术在混凝土材料的建筑上应用较多，包括一般的房屋建筑、特殊形状建筑、桥梁主体结构及辅助构件。

(1) 3D 打印房屋建筑。建筑 3D 打印一般按照建筑设计三维模型打印墙体的外轮廓，中间通常为中空，墙体的打印外壳可以作为模板，中间填充混凝土或保温材料。

(2) 混凝土 3D 打印。打印经过设计师设计的特殊形状的市政公共设施、景观部品，甚至是大型的混凝土雕塑轮廓，这些特殊的应用也能够体现出混凝土 3D 打印的特点和优势。见图 3-11。

图 3-11　3D 打印混凝土

(3) 3D 打印桥梁主体结构及辅助构件。3D 打印特别适合打印桥梁工程、市政轨道工程中墩柱的模板。混凝土 3D 打印一些桥梁工程、市政轨道工程中的异形墩柱的模板，可以节省大量的模具费用，并且可以降低造价，打印的模壳作为永久结构部分不必拆除，对桥梁支柱可以起到良好的保护作用。

(4) 3D 打印公共设施。城市中的公共设施建筑一般具有小型化、多样化的特点，建筑 3D 打印针对这样的公共设施的建造相较于传统制模具有很大的优势。它既可以满足快速制作，又可以根据设计进行专业化的定制，具有良好的应用前景。

(5) 3D 打印大型景观构件。3D 打印在异形曲线路径的打印上具有独特优势，通过混凝土 3D 打印可以制作一些景观雕塑，再进行后期的表面处理，提高作品的表观质量。3D 打印工艺也可以实现建筑师的大胆设计，降低传统石材雕刻对环境的污染，节能环保。

3.2 建造类技术

不同于互联网、物联网、大数据等通用技术,BIM、GIS、智能机械和设备等技术直接面向建筑领域,给建筑业的生产组织方式带来了巨大的改变。

3.2.1 BIM 技术

1. BIM 技术简介

在《建筑信息模型应用统一标准》(GB/T 51212—2016)中,将 BIM 定义为:建筑信息模型(Building Information Modeling,简写 BIM),是指在建设工程及设施全生命期内,对其物理和功能特性进行数字化表达并依此设计、施工、运营的过程和结果的总称,简称模型。

BIM 技术具有可视化、协同性、模拟性、优化性、关联性、可出图性等六大特点。见图 3-12。

图 3-12 BIM 模型

(1) BIM 技术的可视化。即人们可以清楚地看见建筑模型的各构件、材料、设备位置、尺寸等相关信息,各种调整和优化的操作均在可视化的情形下完成。BIM 可视化的特点有助于人们精确了解施工管理的相关操作,如复杂节点施工、专项工程交底、材料用量等都可以做到精确控制,避免失误造成返工;同时,各专业人员可以在可视的条件下进行交流和沟通,对相关参数的理解和应用也更加可靠。

(2) BIM 技术的协同性。就是为各参建单位提供一个协同平台,基于该平台,各参建单位能够协调一致地对项目进行同步统一管理,其管理效率将明显提高;并且由于该平台具有信息能够将管理效应发挥到最大。

(3) BIM 技术的模拟性。BIM 模型在实际工程施工前可以模拟具体的施工过程,使施工人员对施工过程有事先的了解,减少施工中错误的发生;同时可以进行虚拟漫游,使人身临其境地置身于建筑物中,切身体会和感受建筑的空间架构,从而对建筑空间结构的合理性做出预判。BIM 技术的模拟性能够真实展现工程的建设过程,各专业人员在施工过程中也更加协调,同时材料、设备、机械等各种资源调配能够得到合理安排。

（4）BIM 技术的优化性。利用 BIM 技术可以对施工进度、施工方案、材料资源等进行优化，使项目满足建设目标的要求。

（5）BIM 技术的关联性。BIM 模型各构件之间具有关联性，当模型中某个构件的参数发生变化时，会引起其他构件参数的相应变化，甚至整个模型的参数信息也跟着发生变化。

（6）BIM 技术的可出图性。在施工图设计阶段，对于已经建立的 BIM 模型，可根据实际需要，选择相关参数输出建筑的平面图、立面图和剖面图以及建筑节点详图或大样图，直接用于指导施工。

2. BIM 技术在建筑领域中的应用

BIM 是以三维数字技术为基础，集成了建筑工程项目全生命周期信息的工程数据模型，其核心是数据信息。通过对工程项目设施实体与功能特性的数字化表达，形成完善的 BIM 信息模型，可以连接建筑项目全生命周期中不同阶段、不同利益相关方的数据、过程和资源。见图 3-13。

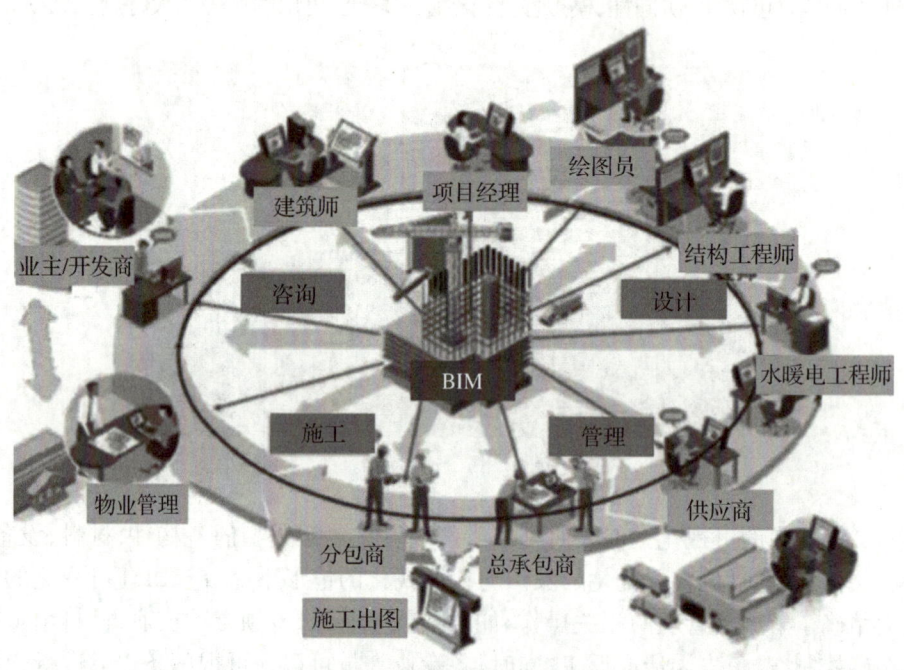

图 3-13　BIM 应用范围

（1）BIM 在决策阶段的应用。建设工程在开展前一般都会进行项目决策，实现对项目工程的前期规划，项目的决策同时影响着整个建筑的经济效益以及具体的发展方向。在项目的决策阶段，通过 BIM 可以协助场地分析，加快决策速度，节约资金使用成本。

（2）BIM 在设计阶段的应用。建设工程的设计与建设工程的质量有很大的影响，与项目的资金投入等也有多方面的影响。通过合理使用 BIM 技术，结合建筑的实际要求将建筑结构、给水排水等进行科学合理的安排从而构建建筑、结构和设备模型。技术人员可以进行管线冲突检测及三维管线综合，从而将设计中的错误进行调整，不断地优化设计，很大程度减少了建设工程的成本投入。

(3) BIM在施工阶段造价控制中的应用。现阶段,我国建设工程实际建造过程施工周期比较长,同时我国经济市场不稳定,这就导致建设工程造价的难度比较大。通过使用BIM技术,可以合理对建设工程的具体施工阶段进行划分,将大的工程划分为不同阶段的施工内容,通过模型展现出该阶段所用的建筑材料、设备等内容,并将所有的信息与招标文件等汇总分析,大大提高了成本预算的可靠性。建设工程的施工过程比较复杂,在实际的施工过程中会出现工程量变更的情况,工程量的变更不仅会使施工进度受到阻碍,也会对工程造价产生比较大的影响。通过使用BIM技术模拟建设过程中出现的问题,如图3-13所示,找出问题并给出解决方案,可以降低因工程量的变化而引起的工程造价变化的概率。此外,当工程量发生变更时,会伴随费用索赔现象的出现,当具有索赔条件时,甲乙双方必须进行合理的索赔。使用BIM技术,一旦工程量出现变更,系统就会自动更新工程造价的具体信息,从而保护双方利益不受损害。

(4) BIM在竣工阶段的应用。由于建设工程比较复杂,涉及的内容比较多,导致建设工程竣工验收时涉及的数据比较多,核算人员通过人工核算,使得核算过程周期较长,同时出现错误的概率比较大。使用BIM模型将建设工程的具体信息合理统计,然后将信息共享,便于核算人员对数据的随时取用,大大提高了核算工作效率,很大程度提高了核算工作质量。

(5) BIM在维护管理的应用。建设工程实际施工过程中涉及的机械设备也比较多,通过BIM技术可以实现对机械设备的定期维护以及对施工技术的管理,从而提高资产管理的质量。通过模型,对材料种类及数量、机械设备种类及数量等进行详细的统计并在模型中具体呈现出来,实现模型的真实可靠性。通过构建的可视化模型中对数据的标注,避免了建筑信息在传递过程中丢失以及被恶意改动,为建筑项目设计方案的更新提供了可靠的依据。为了防止出现设备故障等问题,技术人员必须不断对设备更新优化。BIM技术具有专门的更新技术,能够实时了解设备的运行状况,从而制定科学可靠的维护方案,提高了设备的使用性能和寿命等。

> **课堂互动**
>
> 目前建筑工程项目中利用CAD设计和利用BIM设计均存在,试比较CAD和BIM各自的特点。

3.2.2 GIS技术

1. GIS技术简介

GIS(Geographic Information System 或 Geo-Information System)又称为地理信息系统,它是一种空间信息系统,是对整个或部分表层空间中有关空间分布的数据信息进行采集、运算、分析和显示等功能的系统,它为我们提供了客观定性的原始数据。

GIS技术在区域规划、环境管理、城市管理、辅助决策等方面发挥巨大的作用。在区域规划方面,GIS进行信息筛选并转换为可用形式,成为规划人员的强大工具;在环境管理方面,GIS可进行环境监测和数据收集,建立基础数据库和环境动态数据库,建立环境污染模型等,为环境评价、环境规划管理提供有力支持;在城市管理方面,GIS帮助管理人员查询设施管线、管网的分布,追踪流量信息和运行质量监控;在决策方面,GIS 利用特有数据库,通过一系列决策模型的构建和比较分析,为国家的宏观辅助决策提供依据。

随着近些年来两项技术的不断进步,BIM+GIS 技术为建筑业的信息化、智能化发展提供了良好的支撑,将 GIS 与 BIM 进行技术融合,用 BIM 构建精细的三维建筑模型,对建筑物的内部信息进行分析和管理,这些高精度的 BIM 模型是 GIS 的重要数据来源,也为后期运营维护管理提供基本的模型数据及所属的多维信息数据,如图 3-14 所示。GIS 可作为智慧校园的神经中枢,能够管理区域空间,分析空间地理信息数据,从而使宏观的 GIS 数据和微观的 BIM 信息相结合,这样可实现两者之间的优势互补,再加以当前的物联网技术,可为智能建造构建一个很好的基础平台。

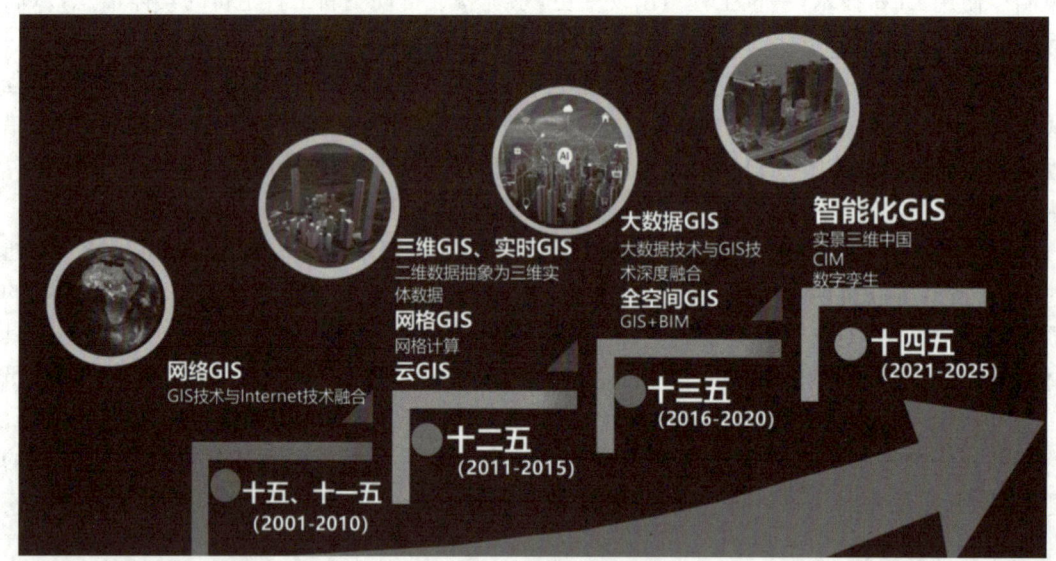

图 3-14　GIS 技术的发展

2. GIS 技术在建筑领域中的应用

GIS 技术在建筑领域中的应用如下:

(1) GIS 侧重于对建筑物地理信息的表达,多用于建筑物的地理位置定位和空间信息分析,能很好地展示建筑物的外部环境,确保信息的完整性,运用 GIS 技术可以呈现清晰的地理信息。

(2) 运用 GIS 技术对信息进行管理、分析与处理。GIS 可以提供整个空间的三维可视化分析功能,改善了建设空间上的数据表达与性能分析,为建造设计人员提供更加直观、科学的设计方式。

3.2.3　智能机械和设备

1. 智能施工机械简介

随着施工技术水平不断提高,建筑施工机械的智能化水平大大提升。建筑施工机械的质量,在一定程度上对于工期进度的快慢有着很大的影响。提高建筑施工机械的自动化程度,采用智能化控制模式,可以有效避免施工人员在狂风暴雨、夏日暴晒的环境进行施工,同时降低施工难度,增强施工人员安全性。

下面介绍几种已经用于实际工程的智能施工机械。

(1) 单塔多笼循环运行施工电梯

单塔多笼循环运行施工电梯,克服了高层建筑施工时配置多部电梯占用较多作业面等问题,在单个导轨架上挂设多台施工电梯梯笼,并设置旋转换轨机构,实现梯笼在高空能转180°变换轨道,从而成倍提高导轨架的运输能力,整体达到国际领先水平。见图3-15。

图3-15 单塔多笼循环运行施工电梯

循环电梯系统由附着系统、旋转换轨系统、导轨架和梯笼、供电系统、综合调度及安全保障系统组成,打破传统单个梯笼"直上直下"的运行方式,改为多个梯笼"左上右下"的循环运行方式,单个导轨架上同时运行多部梯笼,从而成倍提高导轨架的运输能力。

该项技术在多个方面进行了技术创新,实现了多部梯笼循环运行新模式,实现了导轨架地上运行和地下室检修功能分区;高精度旋转换轨技术,实现梯笼在高空旋转180°变换轨道;分段供电技术,解决多梯笼循环运行时的电压降等技术难题;群控调度系统技术,实现多部梯笼群体控制及高效调度;多级安全控制系统技术,保障多梯笼循环运行时的安全;微曲线梯架设计与应用技术,能适应超高层建筑外立面的变化,减少进站平台距离,节省材料成本,在提高电梯运行安全水平的同时节能环保,有效解决了超高层垂直运输难题。

智能化高精度旋转换轨技术,旋转换轨机构作为导轨架的一部分,由中心传力筒和外框旋转架体组成,伺服电机驱动外框架体绕着中心筒旋转,梯笼停靠在旋转换轨机构处由旋转换轨机构带动梯笼完成旋转变换轨道。旋转电控系统智能化程度高,可自动检错纠错、完成高精度转定位功能,可靠性高,可适应复杂苛刻的施工环境。

智能群控调度系统,最大化发挥新型循环施工电梯的运行潜能,提高功效,节约成本及资源;同时配套设置了数字云平台智慧控制中心,施工电梯无人驾驶、智能监控,保障电梯全运行;多重校验的平层定位装置,保证梯笼高度信息准确,采用两条单独供电线路的冗余设计和旋转不可动及旋转排他性设计,多维度确保电梯安全运转。

(2) 无人驾驶塔机

智能塔机控制系统以设备安全为核心,解决了塔机运行时的安全痛点。其中智能化模块包括防冲顶、防溜钩、防外挂、平稳起升、变幅防摇、回转平稳、倍率检测、钢丝绳乱绳检测、可视化系统、数据互联、数据分析、远程诊断等各项功能。见图3-16。

图3-16 无人驾驶塔机

在智能体感操控模式下,操作人员可在地面通过穿戴设备进行操控,其中操作手环可以根据操作人员手势的变化,控制塔机做出相应动作。此外还可以在与塔机互联的控制面板点击预设的点位或一键呼叫,实现塔机自动运行,平稳高效,且精确度可控制在毫米级别。

(3) 可变角度斜附式塔机

可变角度斜附式塔机基于高精度控制系统及角度变换装置,实现塔身倾斜,依靠无线通信完成远程吊装运行,具有"远吊幅、高效率、低成本"三大优势,成功解决了传统塔机在大角外立面高耸结构(大型桥塔、高层建筑等)施工过程中,吊幅覆盖范围局限、附着长度过长、施工效率降低、高空安装操作困难等弊端。见图3-17。

设计具有转动铰与竖向滑动机构的特殊转换节,使得节段上部能够绕远端铰接点旋转,从而带动衔接标准节转动,完成塔身标准节变形动作。基于多体运动学仿真分析,形成的斜附式塔机运动轨迹参数,构建高精度控制系统,严格控制各油缸运行速度及转换节转动角度,实现双附着协同驱动相应塔身变形,自由段塔身始终保持垂直状态;同时,依靠全塔机监测系统,实时测定关键受力与运动参数,确保斜附式塔机精确安全运行。

图 3-17 可变角度斜附式塔机

2. 智能施工设备简介

智能设备改善了施工环境,在降低施工难度、提升施工安全方面取得重要突破。下面主要介绍一些已研发并运用于实际工程的智能设备。

(1) 混凝土施工机器人

混凝土施工机器人是自动化的混凝土施工设备,能完成布料、振捣、抹平等多项作业。从分类上看,按功能有布料、振捣、抹平、摊铺、养护等机器人;按应用场景则分地面、墙面、顶面施工机器人,见图 3-18。其技术原理主要依托自动化控制技术,凭借先进控制系统实现自主行走与按预设施工;传感器技术不可或缺,激光、雷达、视觉等传感器助其感知环境与自

图 3-18 混凝土施工机器人

身状态；智能算法赋予它智能识别、数据分析与自我学习能力。它的优势显著，能极大提高施工效率，凭借自动化不间断作业，远超人工速度，大幅缩短工期；保证施工质量，高精度施工减少误差，提升工程品质；还能降低劳动强度，让工人摆脱危险繁重工作，改善施工环境。在应用场景上，建筑工程中的住宅、商业建筑等，桥梁工程的桥墩、桥面，以及地下工程的地铁、隧道等混凝土施工均有它的身影。混凝土机器人推动着混凝土施工领域的变革。

(2) 钢筋绑扎机器人

钢筋绑扎机器人极大地改变了传统钢筋施工方式，通常由机械臂、控制系统、传感器以及绑扎执行机构组成，见图 3-19。机械臂赋予机器人灵活的操作能力，可模仿人工动作对钢筋进行抓取与定位。控制系统犹如其"大脑"，精确规划作业路径与流程，确保各环节有序进行。传感器则负责实时感知环境信息与钢筋位置，为精准操作提供数据支持。绑扎执行机构能快速完成扎丝缠绕、拧紧等绑扎动作。

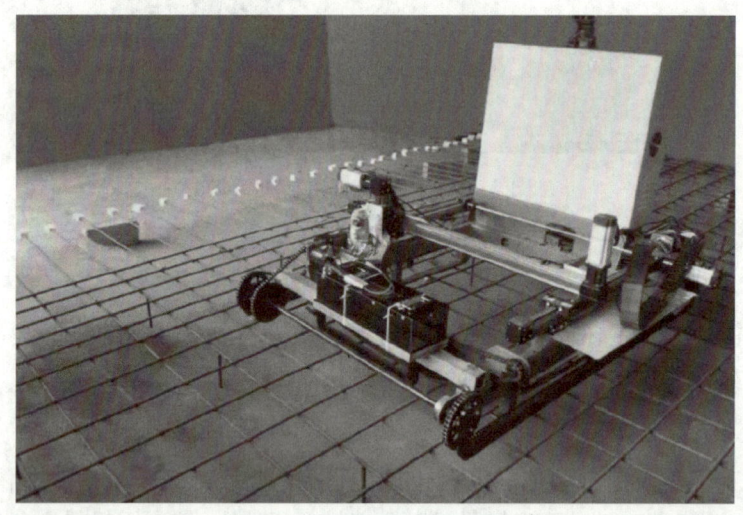

图 3-19 钢筋绑扎机器人

钢筋绑扎机器人能大幅提升施工效率。传统人工绑扎速度慢，而机器人可连续高效作业，极大缩短施工周期，加快工程进度。另外，钢筋绑扎机器人能保证施工质量稳定。机器人凭借精准的操作，能使绑扎点间距、扎丝拧紧程度等符合标准，避免人工绑扎的质量差异。还能降低人力成本与劳动强度。

钢筋绑扎机器人广泛适用于各类建筑工程，无论是高楼大厦的基础、主体结构施工，还是桥梁、隧道等基础设施建设中的钢筋绑扎环节，都能发挥重要作用。

(3) 智能抹灰机器人

智能抹灰机器人是建筑行业的创新设备，能自动完成墙面抹灰。它借助先进的传感器与计算机视觉技术，像激光雷达、摄像头等，实时感知墙面平整度、高度、倾斜度等状况，经智能算法分析处理后，自动规划最佳抹灰路径，见图 3-20。同时，依据墙面需求，自动调整抹灰刀的角度、压力、速度及厚度，确保抹灰均匀平整。该机器人作业高效，可 24 小时不间断，综合工效通常达 300 m^2/天，是人工的 5—8 倍，极大缩短施工周期。同时其作业质量精准，能精准控制抹灰厚度与均匀度，垂平度一次合格率高，空鼓率低，墙面平整度远超人工。智能抹灰机器人操作智能,拥有自主导航与安全避障功能,可自动识别并修复墙面不平整处、自动清洁刀具与设备,还能自动采集施工数据并生成详细报告,为施工管理与质量控制提供科学依据。目前广泛适用于住宅、酒店、公寓、写字楼等层高不超5.5米的建筑,能在除楼梯间和小于2 m² 房间外的室内混凝土、二次结构墙面上施工。

图3‑20　智能抹灰机器人

(4) 智能砌筑机器人

智能砌筑机器人依赖于多传感器融合技术来感知环境。激光雷达持续扫描周围空间,快速构建施工现场的三维地图,精确测量墙体位置、距离等信息,为后续操作提供空间定位基础。同时,视觉识别系统如同其"眼睛",借助高清摄像头采集砖块及施工现场图像,利用图像识别算法,识别砖块的形状、纹理、尺寸,判断砖块是否有缺陷,还能精准定位已砌墙体的状态,如灰缝位置、平整度等。见图3‑21。

图3‑21　智能砌筑机器人

机器人内置高性能处理器和智能算法。它依据传感器收集的数据，结合施工图纸要求，计算出最优砌筑路径与砖块排列方式。例如，面对不同墙体长度、门窗洞口位置，算法会自动规划出合理的错缝方式，保证墙体结构稳固。同时，还会根据砖块抓取位置、放置位置以及灰浆涂抹量等因素，实时调整机械臂的运动轨迹。

在进行砌筑施工时，智能砌筑机器人高精度的机械臂就像灵活的工匠之手具备多个自由度，可在三维空间内精准移动。通过末端执行器，能稳定抓取砖块，并根据规划好的路径，将砖块准确放置在预定位置。同时，配套的灰浆喷涂系统能依据墙体需求，精确控制灰浆的涂抹量与涂抹位置，确保灰缝均匀饱满，保障墙体砌筑质量。凭借这些原理，智能砌筑机器人实现了高效、精准的自动化砌筑作业。

拓展学习

解码"天蝉"住宅施工机器人

3. 智能穿戴设备简介

可穿戴设备的本质是智能可穿戴计算机。它指应用新兴技术赋予人们日常可穿戴产品智能化特性，将各种传感技术、监测识别功能和大数据等植入到可让人们佩戴的手表、手环、眼镜、服装等日常穿戴中，通过这些日常穿戴实现用户感知能力的拓展。根据穿戴部位的不同，可将智能穿戴设备分为智能手表类、智能手环类、智能眼镜头盔类、智能服装类和智能鞋类等。智能穿戴设备的功能具体可分为三个方面：

① 对人体参数进行读取

包括人的位置、心跳、血压、睡眠参数等，通过读取和记录人体参数，将数据通过物联网卡传输到平台层，平台层再对数据进行汇总分析，得出结论。

② 对外部环境进行读取

智能穿戴设备可以采集人体外部的环境温度、湿度和空气质量，甚至可以对农产品的信息进行读取，为我们的日常生活提供诸多的方便。

③ 与其他智能设备或平台互动

下面介绍施工现场常见的两种智能穿戴设备：智能安全帽和智能手环。

(1) 智能安全帽

智能安全帽是传统安全帽的智能化升级，融入现代科技赋予的多样功能。

从外观看，它与传统安全帽相似，但内部集成众多先进技术。内置定位模块，能实时精准定位佩戴者位置，在大型工地，方便管理人员掌握人员分布，紧急情况时快速救援。安全帽的碰撞检测功能是关键，当安全帽遭受剧烈撞击，传感器会迅速感知，通过无线通信模块向管理平台和周边人员报警，及时通知救援。智能安全帽还配备高清摄像头与麦克风，可拍摄作业现场画面、录制声音，一方面记录施工过程，为后续追溯提供依据；另一方面，远程专家能实时查看，给予指导。此外，智能安全帽还具备环境监测功能，可检测工地的温度、湿度、粉尘浓度、有害气体含量等，若指标异常，立即预警，提醒人员采取防护措施。有的智能安全帽还能集成健康监测功能，监测佩戴者的心率、血压等生理指标，保障人员身体健康。见图3-22。

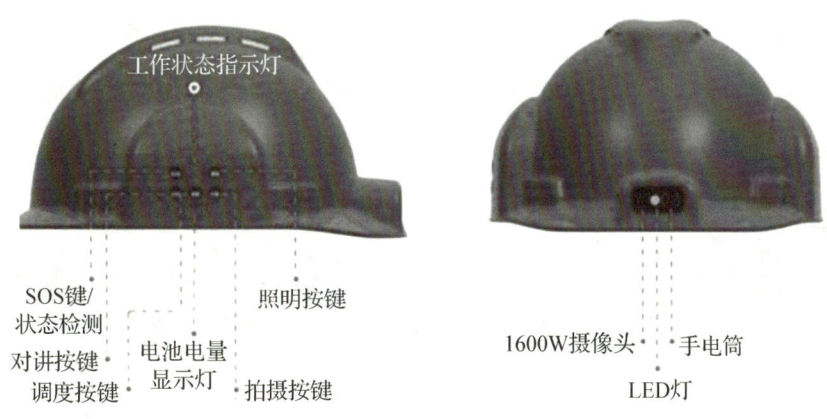

图 3‑22　智能安全帽

(2) 智能手环

智能手环分为很多种,工地智能手环专为建筑工地打造,集多种关键功能于一身。它内置高精度定位芯片,如 GPS、北斗等,能帮助管理人员实时掌握佩戴者位置,在大型复杂工地合理调度,紧急时刻快速救援;配备各类传感器,可实时监测工人心率、血压、体温等生理数据,异常时即刻预警,保障工人健康;集成环境传感器,监测工地粉尘、有害气体浓度等,超标或工人靠近危险区域时,通过振动、发光或发声预警;设有紧急呼叫按钮,遇危险或突发状况,工人一键按下即可向管理人员和周边工友发送求救信号并附上位置信息;还能借助蓝牙或 NFC 技术与工地门禁、考勤设备交互,实现自动打卡,提升考勤管理效率;此外,管理人员可通过后台向手环推送任务信息,以振动、弹窗形式提醒工人,确保施工任务有序推进。见图 3‑23。

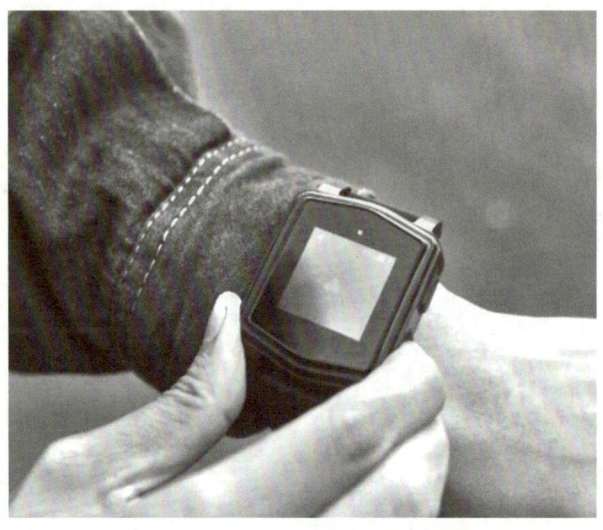

图 3‑23　智能手环

课堂互动

上网查阅资料,说说除了书本上列举的例子外,还有哪些种类的智能施工机械和设备。

单元综合考核

请同学们分为若干小组,每组在以上智能建造核心技术中选出最感兴趣的1—2个,上网查阅相关资料及国内外应用案例,做一个简单的PPT在班级分享。

模块三

建筑全过程智能建造

学习单元 4 建筑信息化设计

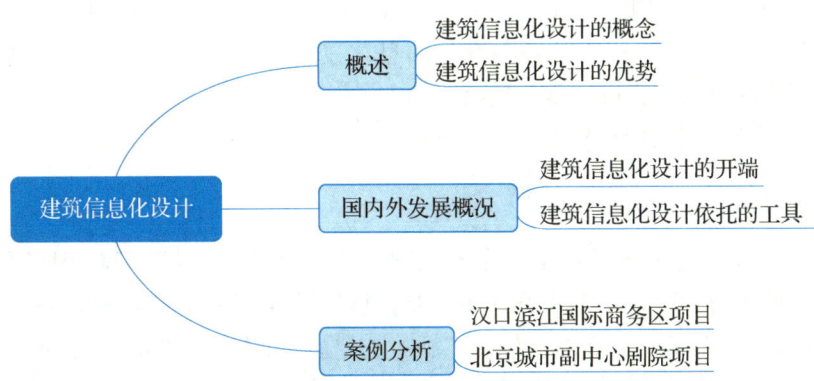

知识目标：

(1) 理解建筑信息化设计的概念；
(2) 了解建筑信息化设计在智能建造背景下的优势；
(3) 熟悉建筑信息化设计的发展历程；
(4) 了解建筑信息化设计的典型案例。

能力目标：

(1) 能知道至少一种建筑信息化设计工具；
(2) 能区分建筑信息化设计平台各项功能；
(3) 能通过案例分析信息化技术如何支撑智能建造的各个环节；
(4) 能评估建筑信息化设计在智能建造项目中的应用效果。

素质目标：

(1) 培养学生在智能建造领域的创新思维；
(2) 强化学生的团队协作意识；
(3) 树立学生的责任意识。

4.1 建筑信息化设计概述

在信息化技术高速发展的今天,一场新的信息化产业革命已经拉开帷幕并正在快速发展。信息化生产为整个社会带来巨大的优势,它能最大限度地调动和使用全社会各行业的技术发展成果,组合交叉之后形成对各种行业的再次巨大推动。以云技术为代表的信息化生产技术正在快速地改变我们身边的生活,而更深刻的改变则发生在我们的生产中。

在建筑领域,传统的 BIM 技术是以个人电脑(PC)为基础的建筑数字化生产流程。随着信息化快速发展,BIM 流程正在快速与其他信息化技术融合,形成新的建筑信息化生产模式。融合了 BIM 技术、计算机编程(可视化编程技术)、云计算以及其它相关数字技术的新型生产模式贯穿整个建筑信息化设计生产流程。

4.1.1 建筑信息化设计的概念

对于很多读者来说,BIM 是应该是一个很熟悉的名词了。即使不了解 BIM 的具体概念与内容都应该听说过 BIM,在谈到 BIM 的时候,很多人甚至还能介绍一番,而对于建筑信息学而言,可能很多人是第一次听说,但这个"新鲜的"概念却对于我们理解包含 BIM 技术在内的各种建筑数字/信息设计技术的本质及未来的发展是十分重要的。

建筑信息学(Building Informatics)并非一个新兴的概念,它已经在建筑数字化研究中产生一段时间了。建筑信息学包含的范围很广,可以说一切和建筑信息的创建、存储、翻译、解读、传递与表达相关的领域都属于建筑信息学。除了我们之前提到的建筑信息化设计相关技术外,新兴的建筑 VR 技术,RFID 的建筑施工装配和组织技术,先进的建筑智能运维技术(RFID 扫码,二维码扫描)等都属于它的研究范围。凡是需要和建筑"交换信息"的技术理论上也都属于建筑信息学的研究对象。我们常说的 BIM 技术本质上是在建筑生产规程中发生的建筑信息化过程,是一个具有特定结构特点的信息系统创建的过程。从这个角度上讲,BIM 技术也是建筑信息学研究的一部分。

通俗来说,建筑信息学是用"信息来诠释建筑"。近年来越来越多的由其他领域产生的新型数字信息技术,开始与传统的建筑数字技术整合到一起。这些产生于完全不同领域的数字信息技术与原本的建筑数字技术对接时产生的"化学反应",让我们意识到这些技术可以很好地服务于建筑信息与外界非建筑信息的交互,以及建筑生产内部的信息交互。我们逐步认识到 BIM 技术,可视化编程技术,云技术以及许多建筑相关的数字技术为建筑信息化提供了强大的技术基础。

建筑信息化的内容包括建筑业电子政务的信息化、工程项目建设的信息化、建筑企业管理的信息化,均是通过软件、网络等信息化技术实现政府与企业、项目实施各方以及企业内部的交流和管理。其中,工程项目建设的信息化依靠工具类软件(如造价和计量软件等)和管理类软件(如造价管理系统、招投标知识管理、施工项目管理解决方案等),通过可视化的技术促进规划方、设计方、施工方和运维方协同工作,并对项目进行全生命周期管理,特别是设计方案、施工进度、成本、质量、安全、环保等方面,增强项目的预知性和可控性。

建筑信息化设计是指在建筑设计过程中,充分运用计算机技术、信息技术和数字化手段,对建筑的各种信息进行集成、分析、处理和共享,以实现建筑设计的高效性、准确性和创新性,提升建筑品质和性能,优化建筑全生命周期管理的一种设计理念和方法。它不仅仅是将传统的设计流程数字化,更是从根本上改变了设计的思维方式和工作模式,使建筑设计从单一的二维图纸表达转变为三维数字化模型表达,并且能够集成更多的信息,如建筑的物理性能、功能需求、施工进度、成本预算等。

对建筑信息化设计,其应用的重点是什么?是信息。也就是大家经常听说的 BIM 词中的"I",即使对于 BIM 技术来说,"Building"是行业范畴,"Modeling"是信息载体,"Information"是最重要的核心。我们不难理解,正是因为有这个可以传递、与外界交互、能够有效地应用的"I",才使得目前采用信息化 BIM 工作的建筑生产中,多专业可以有效地进行信息交互协同,也可以使建筑行业更好地与其他行业进行信息交互。从而以最高效率,最小错误率完成建筑项目的生产,而综合了 BIM 技术,可视化编程和云技术的信息化设计流程,将通过更好地对这个"I"信息的应用,达到更高的生产效率。

作为信息化的建筑生产流程,建筑信息化设计的核心在于建筑信息的创建,传递,翻译,处理与管理,而不是许多人所理解的数字三维模型的创建。如果只有三维模型而没有信息流动的动态过程形成的信息建筑信息系统,那就是简单的建筑数字化。我们一定要离开这样一个误区,信息化设计只是一两款软件的学习和一种新的技术手段。信息化设计并非是一个软件或者一个简单的技术手段,而是一种新型的生产模式,它带来的是整个行业的工作模式与管理模式的巨大改变。

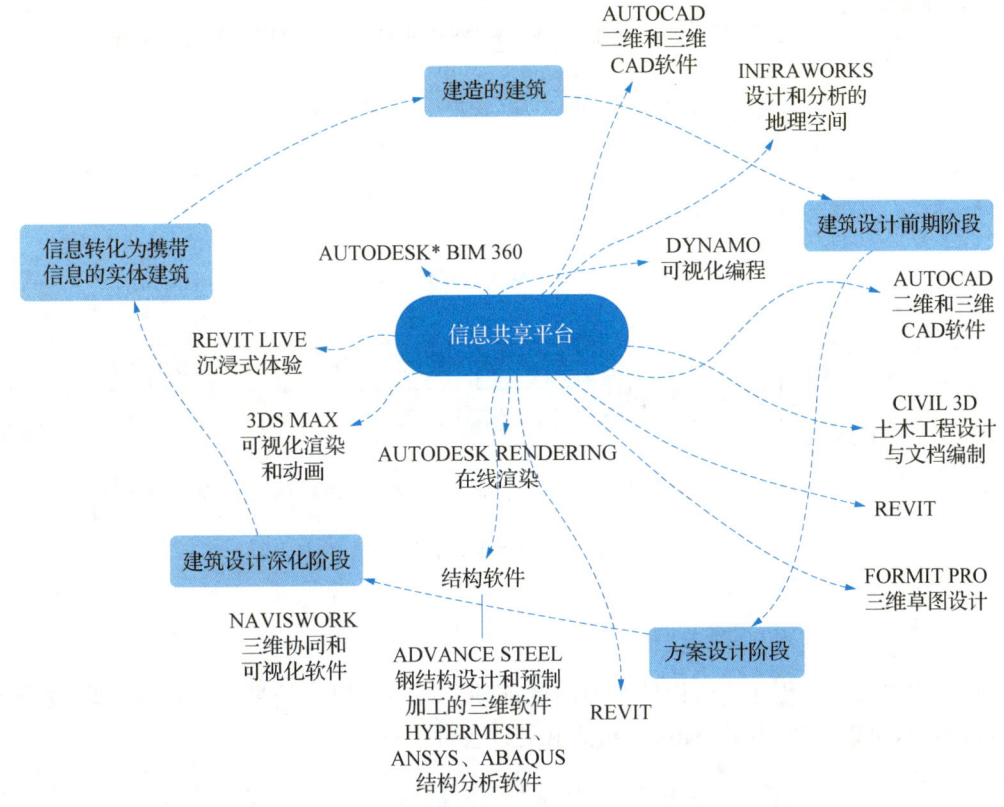

图 4-1 信息化设计带来整个行业生产和管理模式的巨大变化

在信息处理上,建筑信息化设计的范畴更大;在信息处理的方式上,建筑信息化设计除了传统的 BIM 技术,还包含可视化编程技术和云技术等,更加符合信息化生产的本质,因而效率更高。在未来的发展前景上,建筑信息化设计是 BIM 新技术最终将融入的范畴,当云技术普及,今天的 BIM 建筑生产流程的信息化程度更高,系统性更强。

4.1.2　建筑信息化设计的优势

总的来说,建筑信息化设计具有以下优势:

1. 多种信息处理带来的选择自由度和设计过程的自由化

建筑信息化设计过程在目前的技术水平下最大地解放了设计师,使设计师与工程师更加专注专业部分,可以使工程师在任何时间处理任何阶段的信息,而不必担心会带来的巨大后续修改,计算机会自动完成修改点所影响的所有关联信息的变化,生成新的结果。

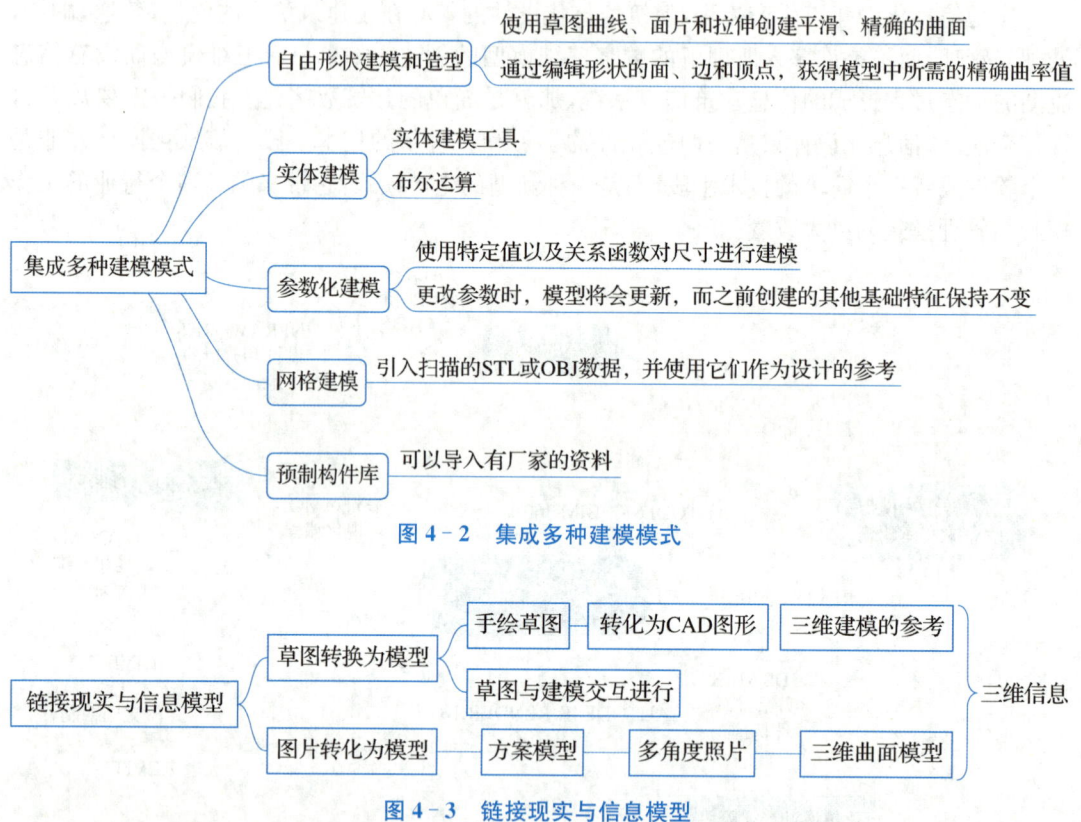

图 4-2　集成多种建模模式

图 4-3　链接现实与信息模型

2. 信息系统化分流、整合配置的优势

信息化的设计流程在建筑设计开始时的前期阶段就可以将信息进行更加合理、系统化地分流整合,可以快速、有效、准确地组织和处理各种信息。

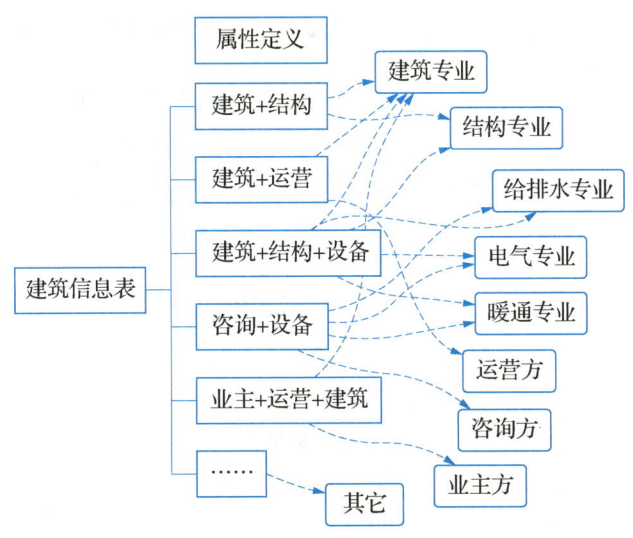

图 4-4 建筑信息的属性定义及定向分流

3. 云技术带来的巨大协作及信息交互的优势

建筑信息设计与信息整合集中处理的云技术有天然的联系,建筑信息设计最终将从现在的以 BIM 技术为基础,走向未来的以云技术为基础,相比于传统的数字技术,建筑信息设计最终与云技术结合,将产生巨大的协作优势。全球二维和三维设计、工程及娱乐软件的领导者欧特克有限公司推出新一代建筑信息模型(BIM)解决方案 Autodesk BIM 360。Autodesk BIM 360 包含一系列基于云的服务,使用户可以在项目的全生命周期中随时随地访问 BIM 项目信息。该云服务支持模型协调和智能对象数据交换的全新多学科协作,这将改变建筑师、工程师、承包商和业主实时协作、管理和发布建筑及土木基础设施数据的方式。

图 4-5 Autodesk BIM 360

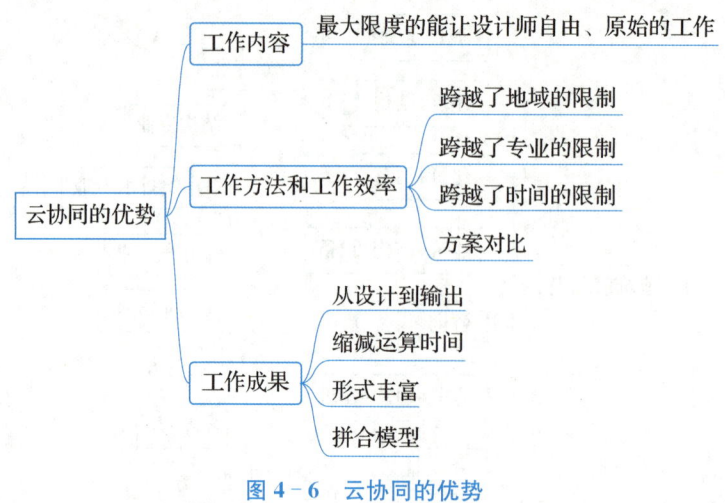

图 4-6　云协同的优势

4. 强大的针对复杂信息的处理能力和信息的应用与输出能力

依托可视化编程技术,使得建筑信息化设计具有强大的针对性、解决复杂建筑问题的能力。可视化编程技术除了自身具有强大的信息处理能力,还可以最大限度地发挥软件引擎的优势。其编程环境的特点也决定了可视化工具可以非常方便地进行各种功能的扩展,配合云端的各种信息库,可以针对性地解决许多棘手的复杂建筑问题。

依托信息化设计对设计流程的系统整合,在采用建筑信息化设计流程的过程中,可以方便的应用信息输出许多成果。

建筑信息设计带来的优势还有很多,比如建筑全生命周期的信息整合、VR 输出、跨国合作等。总之,建筑信息设计会给我们的建筑生产带来巨大的生产力飞跃,这种飞跃不是一种技术上的推动,而是一种流程上、生产系统结构上的调整。

拓展学习

大国建造:
挑战极限

课堂互动

请用思维导图梳理"信息化设计优势"在建筑不同场景中的具体体现,如"协同性→多专业实时共享""可视化→施工交底清晰"。在生活中还有哪些'信息化'改变传统行业的例子?能否类比到建筑设计中?

4.2 建筑信息化设计国内外发展概况

4.2.1 建筑信息化设计的开端——BIM 技术发展流程

BIM 产生于信息化技术高速发展之前,甚至早于个人 PC 的普及。BIM 产生伊始其实是寻找如何将电子计算机应用于建筑的理论探索。BIM 是因计算机技术而出现的新型建筑技术领域。它的发展时间虽然短暂,但进展却十分迅速,对建筑业的影响也越来越巨大。

提出BIM相关技术的是美国学术界。杰里·莱瑟琳在《BIM的历史》一文中提到,关于BIM最早的理论研究源于1975年。在看到计算机对制造业生产效率的提升之后,为了可以像制造业一样将计算机引入建筑设计生产过程中。查克·伊斯特曼教授提出了"建筑描述系统"的概念(Building Description System)。在他发表的《使用计算机来替代建筑设计中的手绘》一文中,虽然没有提出BIM这一概念,但是他提出的建筑描述系统以及对这个系统做出的解释和设想已经具备了今天BIM系统的很多核心概念,因此被认为是BIM技术的起点。

到了1986年的时候,《Buildingmodeling:the key to integrated construction CAD》一文首次出现了"建筑模型"这一概念,又因为是基于计算机辅助设计(CAD)的建筑模型,所以可以理解为"计算机模拟建筑模型",BIM的概念此时已呼之欲出。该文同时对计算机相关技术的实施进行了详细的构想,包括参数化对象、三维模型及施工模拟等,今天很多BIM技术的成果在那时就已经出现在了人类的设想中。

随后的1987年欧洲学者Van Meregen和Van Dissel发表的荷兰语论文将"信息"这一概念植入计算机建筑模型的定义中,形成建筑信息模型(BIM)这一概念。

跨入21世纪后,随着计算机技术的飞速发展,PC的大量普及及网络信息化社会的形成与快速发展,在各项依赖的技术已经飞速发展成熟的背景下,BIM技术也终于迎来了跨越式的发展。与此同时,欧特克公司对这项新兴技术进行了自己的解读,第一次将Building Information Modeling(建筑信息模型)作为一个术语来对自己的产品进行定义,同时首次大范围地使用了BIM这一我们熟识的缩写。

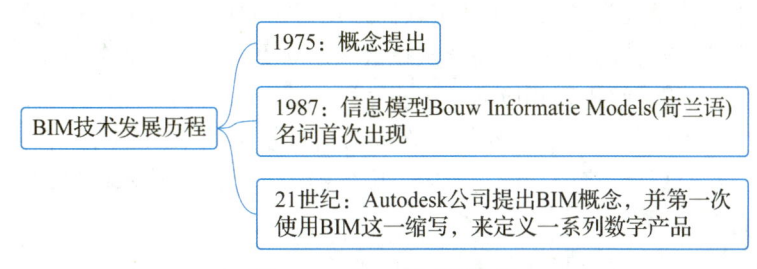

图4-7　BIM技术的发展

目前BIM作为单独的技术范畴已经发展得越来越完备。未来等待它的将是融入更广泛的建筑信息数字设计领域,与可视化编程技术,云技术等新兴技术相结合,形成全新的建筑信息化技术领域的基础。

4.2.2　建筑信息化设计依托的工具

建筑信息技术在其发展中,因为计算机技术的限制,所依托的工具也有巨大变化,每次变化对于信息技术的发展均会产生巨大的影响。

1.初期

BIM概念最早的提出是在1975年,那是一个PC还没有普及的时代。那个时候,电子计算机以公司和科研应用的大型计算机为主。因此建筑信息技术的研究所依托的工具并非我们今天所熟悉的各种 PC 上的相关软件。而是在当时的公司或科研用计算机上的非建筑类软件。这个时期的建筑数字技术研究因受计算机发展的限制，只能停留在一种理论状态，发展缓慢。

2. 中期

随着个人 PC 的普及，建筑行业的工作也逐渐全面地采用了个人电子计算机。这个时期的信息技术获得了相对快速的发展，尤其是进入到 21 世纪，以个人 PC 为基础的各类信息软件的发展越发成熟，以 BIM 为代表的信息技术也开始广为人知。这个时期个人 PC 是建筑设计和生产的主要工具，因此基于个人 PC 的各类单体软件是一段时间内信息技术依托的主要工具。这一时期的早期，主要以独立的 BIM 软件为依托（如 ArchiCAD）；现在则以 BIM 核心平台软件群为依托（如 Autodesk 以 Revit 和 Navisworks 为核心的 BIM 软件群）。

3. 未来：依托云技术为基础的大规模信息处理与协作

在网络和信息化社会高速发展的背景下，云技术快速发展，许多领域的工作开始从个人 PC 端移到云端，信息传递速度大幅提升，新型的大规模信息集成的生产模式即将到来，近年来的信息技术发展方向也反映了这一点。建筑信息技术已从如何专注于"精致、细节、丰富"地呈现建筑的数字模型，转变为专注于信息技术实施过程中信息的流动与协同问题。

相应的 Autodesk 公司的 BIM360，Graphisoft 公司的 BIMx 和 BIMcloud 等云技术和信息的集成处理生产技术成为各大建筑数字软件开发公司的重点。同时各大公司也逐渐放缓了针对各种需求开发软件的模式，进而尝试在云端建立更多的功能服务建筑工作者，同时努力在移动端进行相应的 APP 开发。

以云技术为基础的信息集成工作模式将成为信息技术的未来趋势。在不久的将来，建筑信息技术将完全依托于中央服务器为基础的云技术搭建的信息化工作平台。

拓展学习

大国建造：铸冶荣耀

4.3 建筑信息化设计案例分析

4.3.1 汉口滨江国际商务区基础设施项目

汉口滨江国际商务区基础设施项目体量庞大，总规划面积 2.9 平方千米，多达 10 余家企业参与设计。项目专业包含道路工程、综合管廊、地下环路、核心区规划地上空间、地下空间、中央公园、树桥、地铁 10 号线与过江隧道、江水能源站等，BIM 设计工作覆盖上述全专业。项目由于参建单位多、子项工程多、专业分包多的特点，面临诸多挑战。项目实施团队以 BIM 技术为依托，实现了设计协同、施工管理和城市运营一体化。通过数字化应用，项目取得了良好效果，为智慧城市建设提供了有益经验。

学习单元 **4** 建筑信息化设计

图 4-8 汉口滨江国际商务区基础设施项目位置及鸟瞰

图 4-9 BIM 工作范围

1. BIM 应用框架

软件体系包含方案设计、施工模型、数据整合、可视化平台四大板块，保障数据的无障碍传递。其中，方案设计应用到的软件有 Sketchup、3DS Max、Dynamo、Midas 等，施工模型设计应用到的软件有 Civil 3D、Inventor、Revit 等，模型采用 Navisworks 进行整合形成综合模型，或导入至 D5、Enscape 中进行可视化展示。

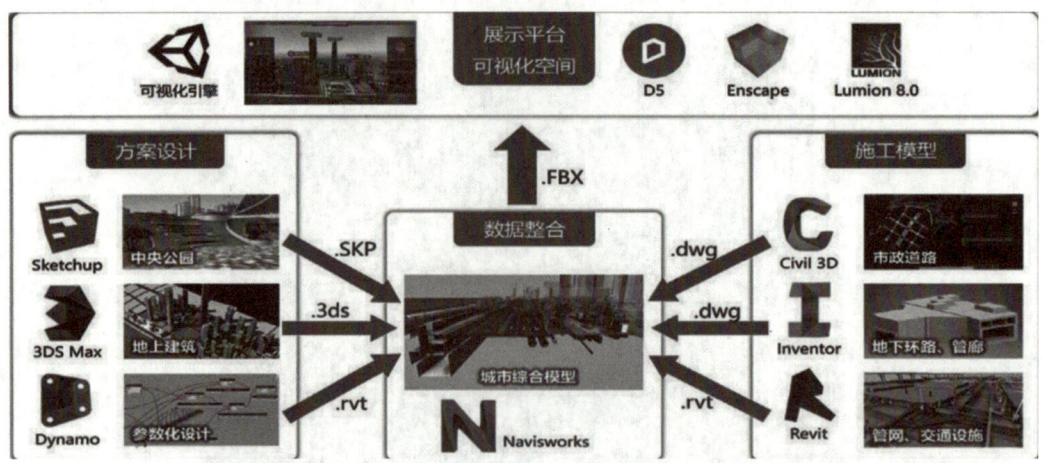

图 4-10 软件协同体系

2. 项目全生命期信息化应用框架

项目信息化综合应用贯穿设计、施工、运维三个阶段。设计阶段,主要应用点包括跨单位的设计统筹以及 BIM 技术辅助共建理念的综合设计;施工阶段,主要应用包括解决现场不利条件下的交叉作业、现状管线迁改问题;运维阶段,基于项目的 BIM 模型打造了智慧城市运维平台。

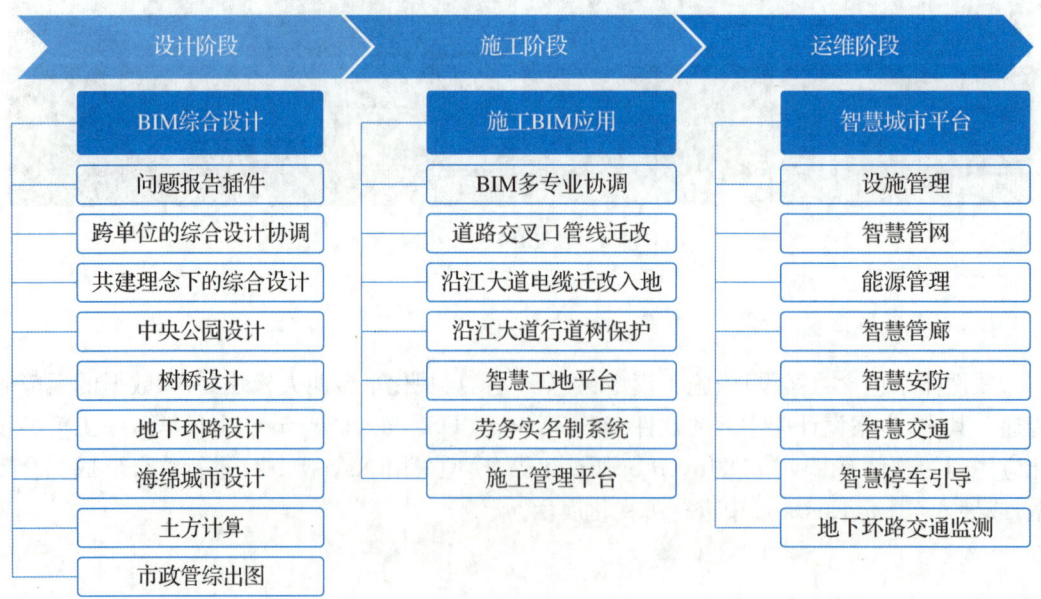

图 4-11 项目全生命周期信息化应用

3. 设计阶段应用

（1）跨单位的综合设计协调

地下空间、地铁站与周边地下工程位置关系梳理。地下环路与周边地块的设计单位各不相同，为解决多处出入口对接问题，团队跨单位组织了相关参建方，基于模型开展项目设计协调。利用BIM技术分析了核心区内相邻地下空间之间冲突关系，协调各地块厘清开发界面。

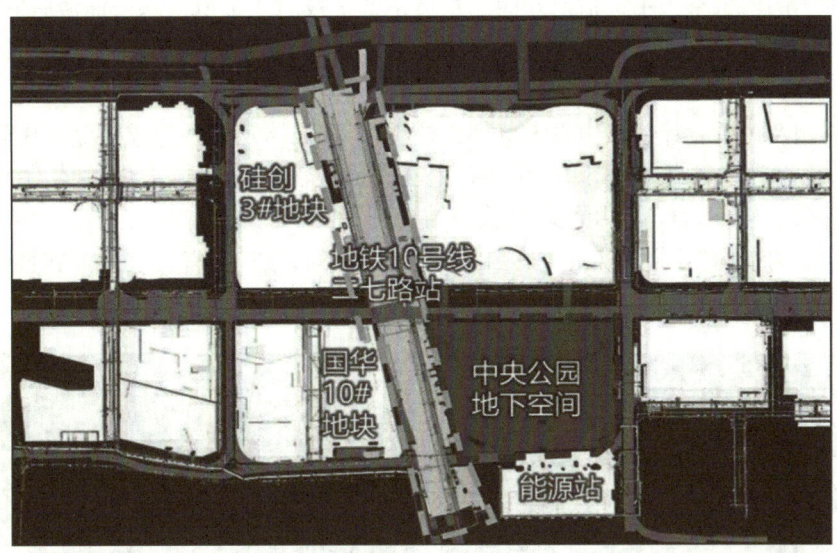

图4-12 核心区地下工程空间梳理

江滩闸口灌注桩与过江隧道的冲突风险预警。江滩大门闸口与过江隧道属于不同单位设计，团队在综合模型中发现闸口灌注桩距过江隧道小于安全间距，通过跨单位协调，建议对闸口结构进行加固防止沉降，规避了此处在后续施工中的潜在风险。

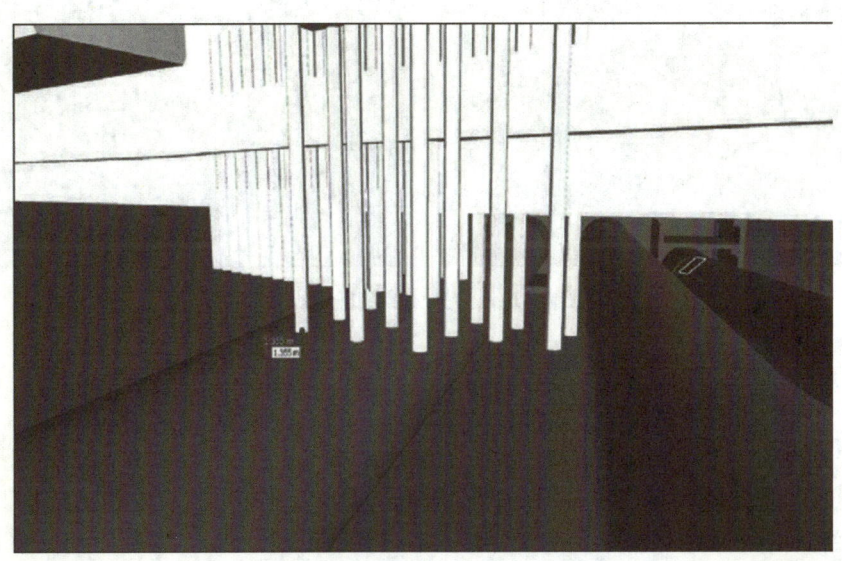

图4-13 江滩闸口灌注桩与过江隧道冲突预警

(2) 基于共建理念的综合设计

基坑支护方案优化。项目核心建设区基坑支护分布密集，基于三维可视化模型，对多套基坑支护方案进行比选；基于"共建共享"理念，制定了中央公园—地下环路支护结构共建方案。该方案减少了多道支护结构，实现核心区基坑整体开挖、一次预埋、分步实施，造价节省2.6亿元，降幅19.5%，同时有效提高了空间利用率。

沿江大道扩建工程。将防洪墙、管理用房、220 kV电力通道整体共建，使1.4千米的长江干堤外扩10余米，全线车行道由双向4车道拓宽至双向6车道。基于能源管和电力隧道翻堤BIM模型，设计填土护坡及观景平台，所见即所得，巧妙遮蔽外露构造，利用"以点连线"的设计手法，通过堤顶连续景观带勾画滨江景观轴线。

中央公园及树桥设计。以中央大草坪为核心，工人之路及树桥形成横竖向中轴，联系外部，四方边界营造多种艺术体验。树桥工程在Revit软件中推敲优化桥体造型，导入到Midas Civil计算软件运行有限元模拟，验证结构可靠性。桩基点位选址通过三维设计协同，在避让隧道盾构结构的同时，实现10处桩基与地下空间共建，节省了成本，同时优化了地下商业的布局。

图4-14 中央公园及树桥设计

4. 施工阶段应用

(1) 不利条件下的多专业协调

环路匝道、现状围墙与市政管线的冲突问题。分金街作为项目的又一工作难点，在25米宽的道路断面内规划了地下环路、7个专业市政管线以及景观乔木，且既有小区院墙进一步压缩断面，管线难以施工。为此，团队协调权属单位，将强、弱电缆管群竖向扁平化，局部采用顶管工艺避让乔木根球,协调燃气、自来水、能源管行走于环路构造间隙,完整保留规划道路景观。

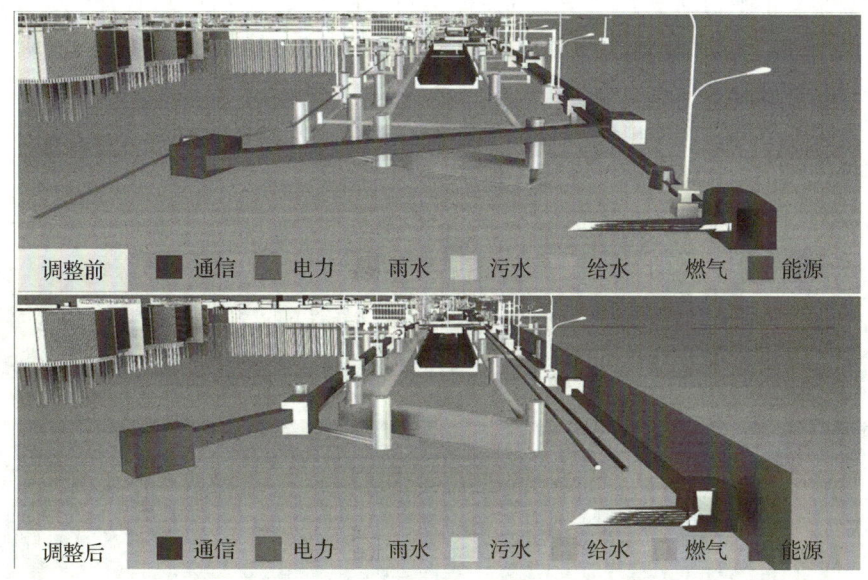

图4‑15 分金街环路匝道、现状围墙与市政管线综合协调

(2) 基于BIM的管线迁改决策

新建道路、地下环路涉及的现状管线迁改。新修道路与现状解放大道接壤的12个路口、地下10余路现状管线存在迁改需求,利用BIM的可视化特性,识别需要迁改的管线,以轴测图的形式呈现现状与规划管线的空间关系,设计安置方案,通过平、剖面出图,支撑业主决策,辅助现场施工。

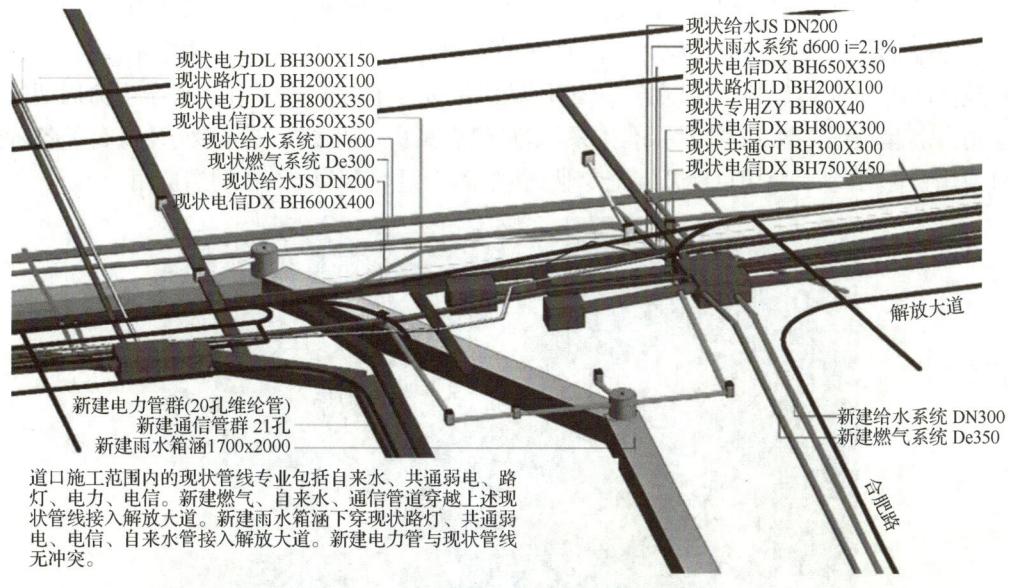

图4‑16 基于BIM现状管线迁改分析

5. 运维阶段应用

城市数字孪生平台基于1+1+N的总体架构,即一整套数字底座,联合全域覆盖的物联感知硬件网,共同支撑上部N个智慧应用场景。融合城市金融、社科类数据,形成神经网络基础,打造城市大脑,支撑城市的科学管理与决策。平台构建了涵盖智慧交通、智慧安防、能源管理等多个领域的智慧城市一体化解决方案,全方位、多维度管理城市,为城市建设各项智慧应用提供时空可视化赋能。

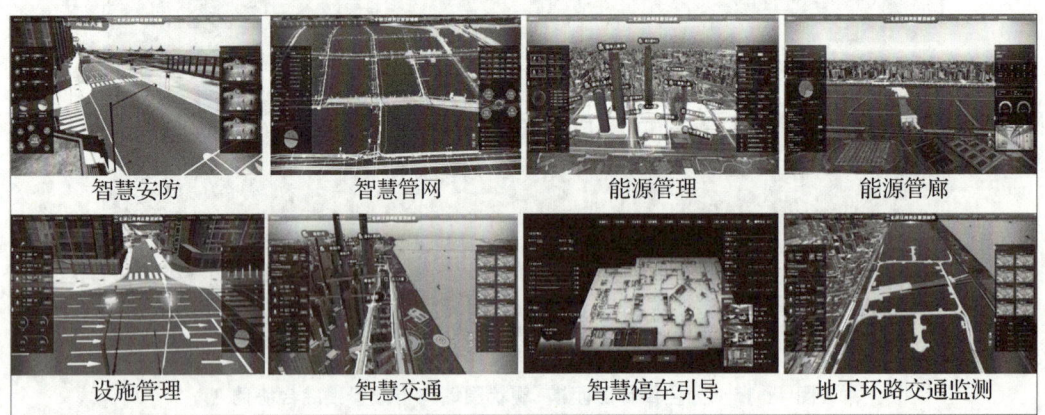

图4-17 智慧城市平台八大功能模块

4.3.2 北京城市副中心剧院项目

1. 项目概况

北京城市副中心剧院项目位于北京市通州区大运河畔,建筑面积12.5万平方米,由3座单体组成,分别是位于中央的歌剧院和两侧的戏剧院、音乐厅,是副中心战略中的重要民生工程、百年地标性建筑、世界级超一流剧场。项目团队以推进自主可控BIM在工程全生命周期的全面应用为宗旨,健全"数字住建"标准体系,满足建设副中心及数字城市要求,制定了各阶段BIM应用目标,并基于应用目标开展全专业、全要素、全过程BIM+智能建造应用。

图4-18 北京城市副中心剧院项目效果图

项目参建方多、数字化交付要求高,为了确保各方的 BIM 成果质量统一,项目结合实际中的难点,根据 ISO19650 的 BEP 编制流程理念,开展 BIM 执行计划书的编制和落实工作,最终实现"图纸、模型、实体"一致的全面数字交付。

2. 全过程 BIM+智能建造应用

(1) 剧院工程声学实施要求高

项目声学要求极高,不同的结构设计方案对建筑走廊、房间的设置均有影响,均会对声学效果造成影响。采用 SOFiSTiK 进行结构初步方案设计,通过 OBJ 实时同步 Odeon 声学软件,将结构选型、建筑布局与声学影响综合考虑。通过方案模型与声学软件的数据交互和模拟,确保设计方案符合声学要求。

(2) 激光扫描辅助声线折射复核与装饰设计调整纠偏

项目各演艺厅空间对于噪声控制严格,土建施工精确度对声学效果影响极大,结构施工偏差会造成声学反射偏差,影响部分座位的视听效果。项目团队利用激光扫描捕获实际结构施工成果,并更新 BIM 模型。模型通过 OBJ 格式导入声学模拟软件,辅助声学顾问根据实际施工成果的声学折射模拟、调整和优化声学设计。

通过激光扫描复核实际结构对声学折射效果进行重新模拟验证,并基于点云模型调整精装修尺寸,以满足声学折射要求。

图 4-19 激光扫描点云模型

(3) 参数化编程辅助房间声学合规性检查

剧院工程特殊功能房间多对声学要求高,对机电管线路由有专项要求。所有房间和机电系统添加声学参数,通过 Dynamo 录入项目声学要求,在管线综合过程中,自动判断管线路由是否符合各房间声学效果。深化设计过程中,对设计成果的声学合规性进行动态判断,确保剧院各特殊功能房间的声学要求。

(4) 钢结构工程的施工难度大

设计和深化设计阶段钢结构 BIM 应用。设计和深化设计阶段建立钢结构模型,并开展跨专业设计综合协调。通过 SOFiSTiK 插件将初设模型导入 Revit,建立 LOD300 施工图 BIM 模型,后期基于施工图 BIM 模型开展深化设计。SOFiSTiK 导入 Revit 减少建模工作量,深化设计节约用钢量 650 吨。

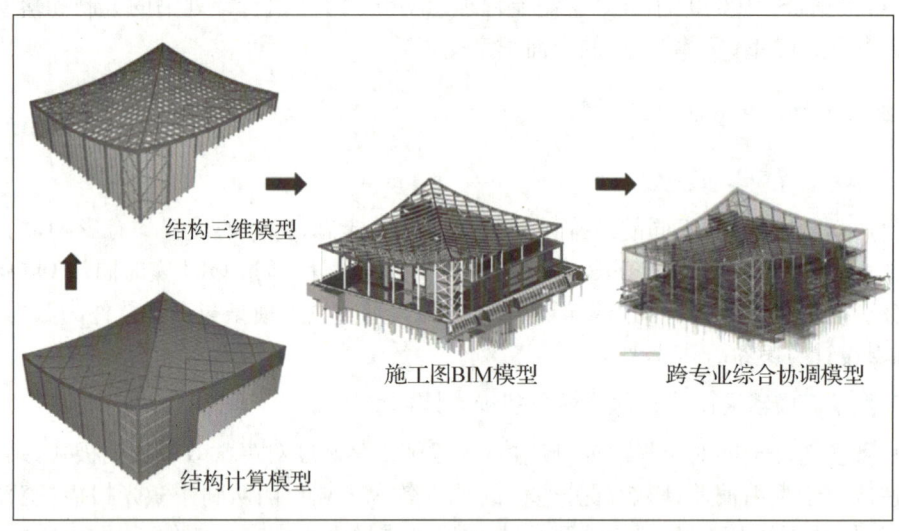

图 4-20　钢结构深化流程图

辅助施工方案部署和工况模拟。由于项目钢结构安装施工工况复杂、科学合理选择施工方案难度大,如何保证屋盖安装、卸载后的最终状态达到设计要求,做到屋盖结构的精细化控制,是该工程的重中之重。

自动套料、虚拟预拼装应用、钢结构全生命周期信息化管理平台。基于 Tekla 模型,采用 SinoCAM 自动套料系统,自动生成套料版面,做到 100% 的数控切割率,材料利用率达到 87.7%。在钢构件加工完成后,通过激光扫描还原加工构件,并通过不同构件的扫描成果进行虚拟预拼装。

图 4-21　钢结构虚拟预拼装技术

基于RFID技术的钢结构物料管理。基于分段分节的深化设计模型，对每个构件赋予ID。利用RFID技术对构件的下料、运输、安装进行全过程追踪管理。通过无线射频识别，实时更新材料精确位置，优化排版取料顺序，减少材料浪费，现场基于条形码快速获取安装位置，加快施工进度。

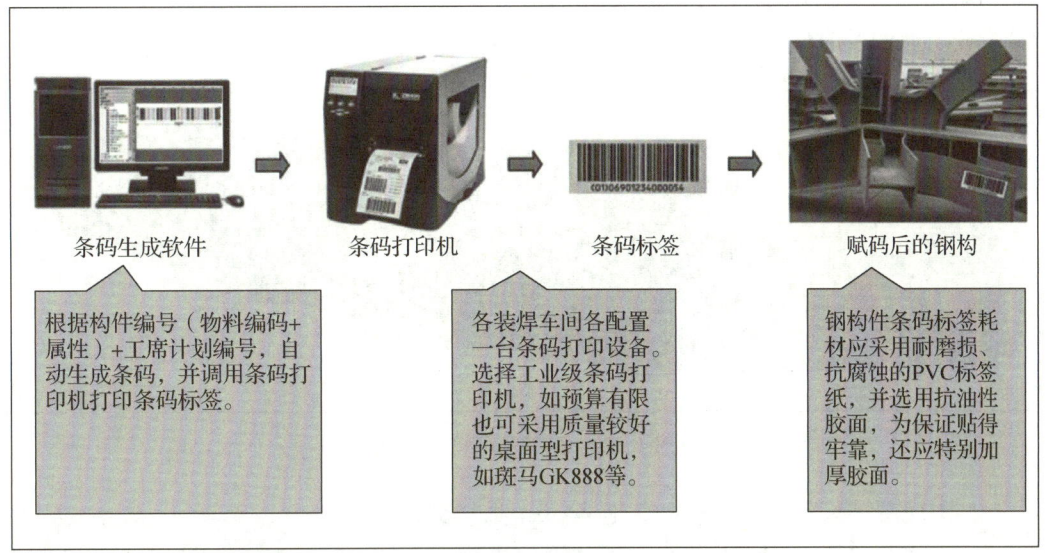

图4-22　为构件赋予ID

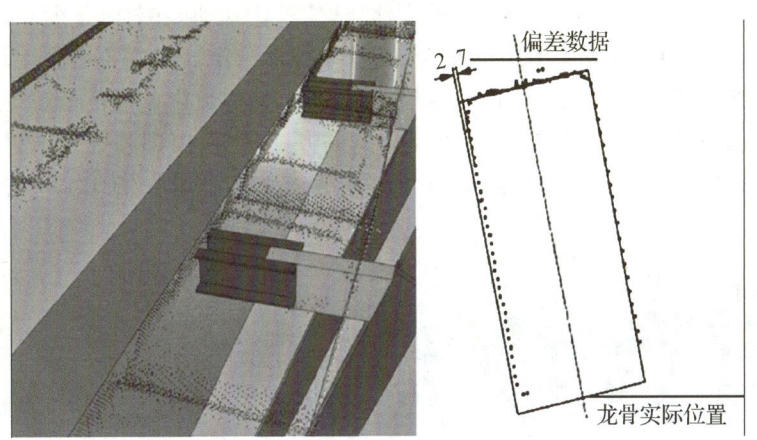

图4-23　激光扫描辅助龙骨、预埋件位置复核

（5）机电专业系统多，管线综合复杂，现场施工难度大

项目体量较大，机电分包、系统单位、涉及交叉工具的专业分包众多，协调难度大，如何保证机电施工有序进行是重点。

在设计阶段以净高控制为主要原则的管综基础上，项目在施工阶段的机电管线排布主要考虑综合支吊架的使用、管线保温层的影响、检修空间的预留、管线安装便利性、按照精装要求进一步优化净高、精装末端要求等因素的影响。

剧院声学专业要求部分房间通过管线的噪声值不应超过房间允许限值，超过限值的管线需重新调整路由方案。在管综过程中,需综合考虑机电减震、避震等措施对管线空间的影响,如隔震支吊架减震器、隔声包裹等要求。

在深化设计过程中,项目要求舞台机械、灯光、音箱等专业定期提交 BIM 模型,开展多专业综合协调工作,避免跨专业碰撞,同时利用综合模型辅助大型舞台机械相关设备的安装及运输路径选型。此外,该项目直接采用 BIM 正向出图,极大地保障了深化设计的准确性和跨专业协调的及时性。

图 4-24 剧院项目机电系统

(6) 实现图、模、实体一致的全专业、全要素数字交付

该项目系统单位、设备厂家多,业主要求的设备信息录入工作量大,确保参建各方的信息录入标准统一且符合业主方要求是难点。

为推进住建行业数字化发展,筑牢"数字住建"信息化基础底座,满足北京城市副中心数字城市建设要求,项目开展数字化交付研究,用于支撑北京市城市副中心数字城市建设的要求。项目部组织人手开展模实一致性的巡检复核工作,确保数字基座的准确性,按照业主要求的竣工交付设备信息录入清单,采用数模分离的方式交付,模型和数据通过部件代码、所在空间及顺序码进行数据挂接、匹配,确保了参建各方的信息录入格式统一,提升了信息录入效率。

课堂互动

除了书本中所列举的案例,在实际建筑领域还有众多项目也应用了信息化设计技术,并且取得了显著成效。通过查阅资料,请同学们详细介绍这些项目及其成果。

单元综合考核

1. 简述建筑信息化设计的概念。
2. 建筑信息化设计相比传统设计模式,具有哪些主要优势?
3. 结合汉口滨江国际商务区基础设施项目,论述建筑信息化设计在项目全生命周期(设计、施工、运维)中的具体应用及效果。

学习单元 5　建筑数字化测量

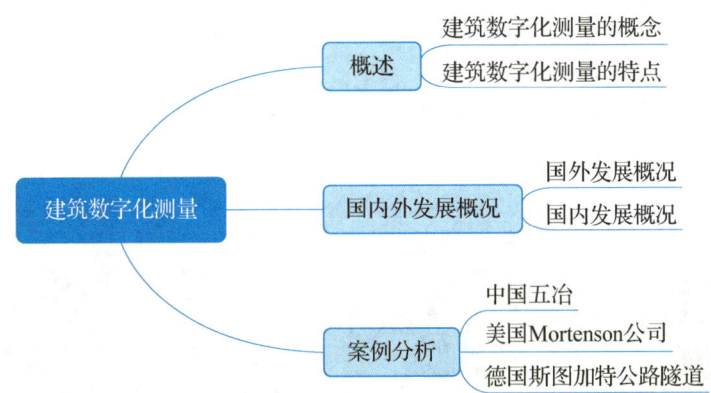

知识目标：

(1) 理解建筑数字化测量的基本原理、技术体系与发展趋势；
(2) 掌握三维激光扫描、无人机摄影测量、BIM 技术、GIS 系统等核心技术的理论基础；
(3) 熟悉建筑测量数据的采集、处理、分析与可视化流程。

能力目标：

(1) 能将三维激光扫描仪、无人机等数字化测量设备对应到具体工程应用场景；
(2) 能够针对建筑测量场景设计数字化解决方案。

素质目标：

(1) 树立严谨的工程测量态度，强化数据安全意识与版权保护意识；
(2) 培养遵守行业规范、尊重测量成果知识产权的职业道德；
(3) 强化低碳环保意识。

5.1　建筑数字化测量概述

　　建筑数字化测量是指利用先进的数字化技术，对建筑物的几何形态、空间位置、结构特征等信息进行采集、处理、分析和表达的过程。它突破了传统测量方法的局限，实现了建筑信息的全流程数字化,为建筑设计、施工、运维等各阶段提供精准的数据支撑。

5.1.1 建筑数字化测量的概念

在当今数字化快速发展的时代,建筑领域也在不断融入新的技术,建筑数字化测量应运而生。建筑数字化测量是指利用先进的数字化技术手段,对建筑相关的各种物理信息进行精确、高效的采集、分析和处理,以获取建筑物的几何形状、尺寸大小、空间位置以及结构特征等详细数据的过程。

1. 建筑数字化测量的核心要素包括

(1) 数据采集

利用三维激光扫描仪、摄影测量系统、无人机航测等设备,快速获取建筑物的点云数据、影像数据等。

图 5-1　无人机航测　　　　图 5-2　三维激光扫描仪

(2) 数据处理

对采集的海量数据进行预处理、配准、去噪、分割等操作,提取出有用的建筑信息。

(3) 数据分析

基于处理后的数据,进行尺寸测量、形变分析、结构分析等,为建筑评估和决策提供依据。

(4) 数据表达

利用 BIM 模型、三维可视化技术等手段,将建筑信息以直观、易懂的方式呈现出来。

2. 建筑数字化测量的应用领域广泛,包括

(1) 建筑测绘

为建筑设计、施工、验收等提供基础数据。

(2) 古建筑保护

对古建筑进行数字化存档,为修复和保护提供依据。

(3) 建筑运维

对建筑进行定期检测,及时发现和解决安全隐患。

(4) 城市规划

获取城市建筑的三维信息,为城市规划和管理提供数据支持。

总而言之,建筑数字化测量是建筑行业数字化转型的重要基础,它将推动建筑行业向更高效、更精准、更智能的方向发展。

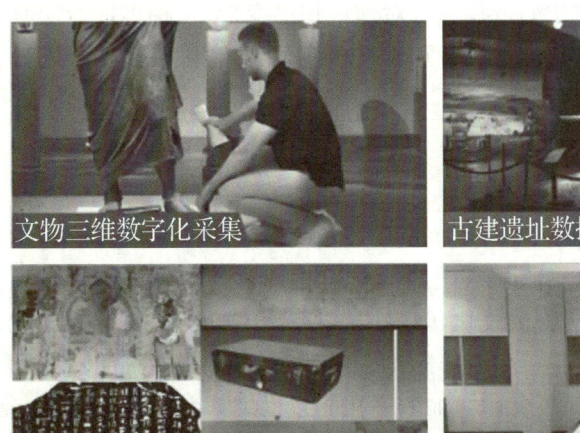

图 5-3　历史建筑保护与修复

5.1.2　建筑数字化测量的特点

(1) 高效精准

数字化测量设备可以快速获取海量数据,测量精度高,效率远超传统方法。传统测量方式依赖人工读数,容易出现人为误差。而建筑数字化测量运用先进的传感器和精密算法。

例如全站仪的电子测距与测角系统,能精准获取角度和距离数据;三维激光扫描仪通过发射激光束并接收反射信号,以毫米级甚至更高精度采集海量点云数据,可精确还原建筑物的每一处细节,确保测量结果的准确性,满足建筑工程对高精度的严苛要求。

(2) 非接触式

无需接触建筑物表面即可完成测量,特别适用于历史建筑、危险建筑等特殊场景。

(3) 数据处理智能化

数字化测量实现了数据的自动化采集与智能化处理。测量设备采集到的数据能直接传输至计算机,借助专业软件,可快速完成数据的解算、分析、建模等操作。

例如,将三维激光扫描仪获取的点云数据转化为三维模型,只需通过特定软件的一系列算法处理即可完成,无需人工进行复杂的计算和绘图工作。

(4) 数据存储与共享便捷

数字化测量得到的数据以数字形式存储,占用空间小,且便于长期保存。同时,借助网络技术,不同参与方,如设计单位、施工单位、监理单位等,能够方便地获取和利用这些数据。通过建立统一的数据管理平台,各方可以实时共享测量数据,打破信息壁垒,促进建筑项目各环节的协同工作,提升项目整体质量和管理水平。

(5) 实时监测与反馈

在建筑施工过程中,利用数字化测量技术可对建筑物的变形、位移等进行实时监测。通过在建筑物关键部位设置传感器,与测量设备和软件相连,能实时采集数据并进行分析。一旦发现异常,系统可立即发出警报,为施工人员及时采取措施提供依据,有效保障建筑施工安全和工程质量。

(6) 可视化展示

数字化测量生成的三维模型、点云图等数据成果,能够以直观的可视化形式展示建筑物的全貌和细节。这种可视化展示方式,让非专业人员也能轻松理解测量结果,有助于项目各方更好地沟通交流,同时也为建筑设计方案的优化、施工过程的模拟分析等提供了有力支持。

其核心在于将传统测量方法与数字化技术深度融合。传统测量依靠水准仪、经纬仪等简单工具,操作繁琐、效率较低且精度受限。而数字化测量借助如全站仪、三维激光扫描仪、全球定位系统(GPS)等现代化仪器,以及配套的专业软件,实现了测量数据的自动化采集与智能化处理。

建筑数字化测量具有诸多优势。一方面,它极大地提高了测量的精度和效率。传统测量方法可能存在人为读数误差,而数字化测量设备能够精准获取数据,减少误差。同时,快速的数据采集和处理能力,大大缩短了测量周期,满足现代建筑工程快速推进的需求。另一方面,数字化测量得到的数据便于存储、管理和共享,不同参与方可以方便地获取和利用这些数据,促进建筑项目各环节的协同工作,提升项目整体质量和管理水平。

▶ 5.2 建筑数字化测量国内外发展概况 ◀

5.2.1 建筑数字化测量国外发展概况

建筑数字化测量是建筑行业数字化转型的重要组成部分,涵盖了从设计、施工到运维的全生命周期数据采集、处理和应用。以下是国外建筑数字化测量发展的概况,包括技术应用、发展趋势和典型案例。

1. 技术应用

国外建筑数字化测量主要依赖以下技术:

(1) 三维激光扫描

技术特点:通过激光扫描仪快速获取建筑物的高精度三维点云数据。

拓展学习

博物馆数字化:
唤醒历史的智慧

应用场景：建筑现状测量、历史建筑保护与修复。

图 5-4　三维激光扫描技术在历史建筑测绘中的应用

典 型 案 例

英国大英博物馆

大英博物馆因近年发生的盗窃事件（如 2023 年古埃及石碑被盗）和 2025 年初技术系统遭人为破坏事件，意识到传统安保措施的局限性。为此，博物馆启动了全面的数字化项目，旨在通过技术手段提升文物和建筑的保护水平。这一计划不仅涵盖馆藏文物，还可能涉及建筑结构的数字化存档，以应对潜在的安全风险和历史建筑保护需求。

博物馆计划斥资 1 200 万美元（约 8 772 万元人民币），用 5 年时间完成 800 万件藏品的数字化，包括高精度 3D 扫描和建模。通过激光扫描和三维建模，实现文物和建筑结构的永久保存与实时监控，例如通过数字化模型监测建筑结构的细微变化。数字化成果将通过在线平台向全球开放，方便公众浏览和学术研究，同时提高藏品的透明度以减少盗窃风险。

（2）无人机测量

无人机测量技术的工作原理就是利用无线遥感技术对飞行设备进行有效控制，对施工区域或主体进行巡航拍摄,测量和采集其重要数据,并利用无线电将数据传递给处理终端。无人机技术在建筑工程中发挥着重要的作用,在一定程度上降低了测量难度,有效地应对了外界各种环境因素带来的影响,减少了测量时间,提升了测量工作的效率。利用无人机技术,也可以科学的处理工程数据,确保建筑工程测量工作能够顺利进行。

其主要应用场景为:大型建筑工地的地形测绘、施工进度监控、建筑物外观检测。

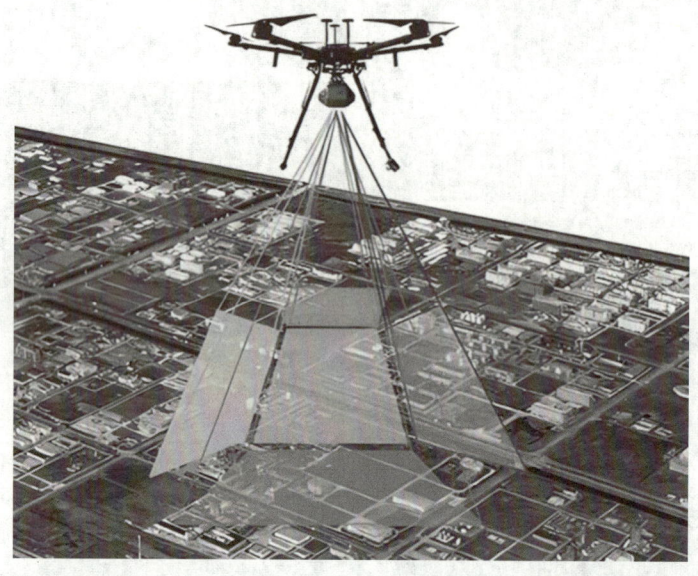

图 5-5 利用无人机进行测量

课堂互动

查阅资料,试比较无人机测量和传统水准仪测量各自的优缺点,并说说二者的适用范围。

(3) 地理信息系统(GIS)

地理信息系统(Geographic Information System,简称 GIS)是一种用于采集、存储、管理、分析和展示地理空间数据的技术系统。它将地理、地图、地理统计和地理分析等信息整合,以图形化方式呈现,为用户提供直观有效的地理信息获取和利用方式。也可理解为,它是能对地球上存在的东西和发生的事件进行成图和分析的基于计算机的工具,把地图视觉化效果和地理分析功能与一般数据库操作集成在一起。

其主要特点为:

① 数据整合性:可整合多种数据源与地图数据,用户能同时获取地理位置、人口统计、土地利用、气象数据等不同类型数据,并按需选择分析应用。

② 数据可视化:将地理信息转化为图形化数据,以地图形式展示,用户可对地图进行放大、缩小、平移、旋转等操作,还能添加标记和符号,更直观呈现数据。

③ 数据分析与模型建立:不仅展示地理数据,还能进行复杂空间分析(如路径分析、空

间交互分析等)和建立各种模型(如地理预测模型、决策支持模型等),为决策和规划提供科学依据。

主要应用领域包括:

① 城市规划:评估土地利用和市政设施分布情况,助力城市合理规划建设。

② 环境保护:分析和预测自然资源利用与保护情况,提供定量环境评估和监测报告。

③ 经济领域:分析市场需求和销售业绩,为企事业单位经营决策提供支持。

④ 农业领域:分析土壤和气象数据,为农业生产和农村发展提供科学依据。

⑤ 应急管理:预测灾害和危险情况,为防灾救灾工作提供有效指导。

图 5-6 GIS 在交通运输中的应用

2. 发展趋势

国外建筑数字化测量的发展趋势主要体现在以下几个方面:

(1) 智能化与自动化

通过人工智能(AI)和机器学习(ML)技术,实现测量数据的自动处理和分析以及自动化测量设备(如机器人、无人机)的应用逐渐普及。

(2) 数据集成与协同

建筑数字化测量数据与 BIM、GIS 等系统的深度集成,通过云计算和物联网(IoT)技术实现多方协同和数据共享。

(3) 可持续性与绿色建筑

数字化测量技术用于优化建筑设计,减少资源浪费;通过数据监测和分析,提高建筑的能源效率。

国外建筑数字化测量技术已经取得了显著进展，并在建筑设计、施工和运维中发挥了重要作用。未来，随着智能化、自动化和数据集成技术的进一步发展，建筑数字化测量将在全球范围内得到更广泛的应用，推动建筑行业的数字化转型和可持续发展。

5.2.2 建筑数字化测量国内发展概况

数字化测绘技术具有测量精确度高、图形信息多元化以及自动化程度高的特点。在建筑工程测量中，将先进的计算机网络和测量设备紧密联系，可有效消除传统测绘模式存在的弊端，为后续工程测量及施工的推进提供帮助。

建筑数字化测量在国内呈现出快速发展且应用广泛的态势，以下是其发展概况：

1. 核心技术普及

（1）三维激光扫描：广泛应用于古建筑保护、老旧小区改造、工程验收等领域。例如，故宫、敦煌莫高窟等通过三维扫描建立高精度数字档案，助力修复与研究。

（2）BIM（建筑信息模型）：贯穿建筑设计、施工到运维全生命周期，推动"无图化建造"。例如，上海中心大厦通过BIM技术优化施工流程，减少30%的工期浪费。

（3）无人机与遥感技术：用于地形测绘、工程进度监控和灾害评估。大疆等国产无人机厂商的技术突破降低了测绘成本。

2. 新兴技术融合

（1）AI与大数据：AI算法优化点云数据处理效率，如自动识别建筑裂缝、结构变形；大数据分析预测施工风险，提升管理效率。

（2）数字孪生与物联网：实时监测建筑能耗、结构健康，例如深圳"智慧住建"平台通过传感器监测超高层建筑安全。

3. 政策驱动与市场增长

（1）"十四五"规划：明确建筑行业数字化、智能化转型目标，要求2025年BIM技术普及率达到90%，推动绿色建筑与智能建造。

（2）地方试点示范：北京、上海、广州等22个城市入选"智能建造试点"探索数字化标准与创新模式。

> **课堂互动**
>
> 近年来，随着CIM（City Information Modeling，城市信息模型）概念的提出，GIS＋BIM技术在水利工程、轨道和市政工程、地下空间管理等方面的应用开始起步，收集资料说说GIS＋BIM技术集成在工程规划、工程设计、工程施工管理、安全管理方面的应用。

5.3 建筑数字化测量案例分析

5.3.1 中国五冶集团应用智建云智能实测实量系统

1. 背景与目标

中国五冶集团在建筑工程中面临传统测量方法效率低、误差累积等问题,亟须通过数字化技术提升测量精度和施工效率。为此,该集团引入了智建云智能实测实量系统,结合激光测距仪、全站仪等设备,实现了全流程数字化测量管理。

2. 技术应用

(1) 结构测量:利用激光测距仪对建筑立面、平面进行非接触式扫描,实时生成三维点云数据,并通过系统自动生成平面图和结构模型,误差控制在±2 mm 以内,较传统方法效率提升 60%。

(2) 数据共享与协同:测量数据通过云端平台实时共享至设计、施工和管理团队,支持多终端访问,减少因信息滞后导致的返工问题。

(3) 质量监控:系统内置算法可自动检测施工偏差,例如墙面垂直度、平整度等,实时生成整改报告,确保施工质量符合国家标准,如《建筑工程施工质量验收统一标准》(GB 50300—2013)。

3. 主要成果

(1) 测量周期缩短 40%,人力资源成本降低 30%;
(2) 项目整体误差率从传统方法的 5% 降至 1.5% 以下;
(3) 成功应用于多个大型综合体项目,如某商业中心的结构测量中,通过数字化技术提前发现并修正了 3 处关键设计冲突,节约成本约 200 万元。

图 5-7 中国五冶集团应用智建云智能实测实量系统

拓展学习

智建云智能实测实量系统案例

5.3.2 美国 Mortenson 公司 BIM 技术驱动的数字化测量

1. 背景与目标

Mortenson 公司是美国领先的建筑企业,致力于通过 BIM 技术实现设计与施工的深度融合。其目标是通过数字化模型优化测量流程,减少施工错误并提升资源利用率。

2. 技术应用

(1) BIM 模型整合:在设计阶段构建高精度 BIM 模型,整合建筑结构、机电管线等数据,模型精度达 LOD 400(详细构件级),为施工测量提供基准。

(2) 现场测量自动化:使用全站仪与 BIM 模型联动,实时比对现场测量数据与模型数据,自动生成偏差报告。例如,在某医院项目中,通过 BIM 模型定位了 2 000 余个机电管线节点,测量效率提升 50%。

操作界面	
放线现场	定位校核

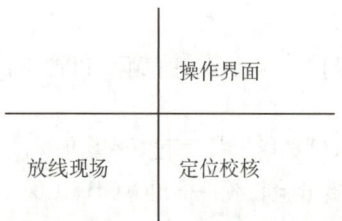

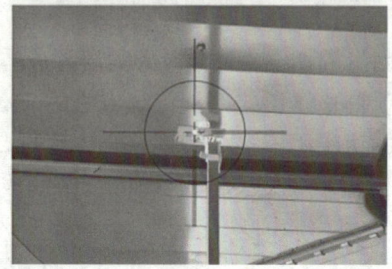

图 5-8 全站仪与 BIM 模型联动

图 5-9 无人机与激光扫描

(3) 无人机与激光扫描:在复杂地形项目中(如山地建筑),采用无人机搭载激光雷达进行地形测绘,生成厘米级精度的三维地形模型,与传统人工测绘相比,时间成本减少 70%。

3. 主要成果

(1) 施工错误率降低 35%,返工成本减少约 25%;

(2) 项目交付周期平均缩短 15%,其中某数据中心项目因数字化测量技术提前6周完工；

（3）获评美国绿色建筑委员会（USGBC）LEED金奖项目，成为BIM技术应用的标杆案例。

5.3.3 德国斯图加特公路隧道项目数字化技术应用

德国的斯图加特公路隧道项目是一个充分利用数字化技术的典型案例。该项目旨在建设一条高效、安全和可持续的公路隧道，以满足城市交通需求。

数字化测量技术在其建造各阶段的应用：

1. 设计阶段

（1）利用建筑信息模型（BIM）技术进行隧道的模拟设计。通过BIM技术，项目团队能够创建出隧道的三维模型，包括隧道结构、道路布局和交通流量等。这种模型化的设计方式使得项目团队能够更直观地理解隧道的设计方案，并进行优化。

（2）通过BIM模型，项目团队还能够进行碰撞检测和空间协调，提前发现和解决设计中的问题，避免施工过程中的修改和返工。

2. 施工阶段

（1）利用虚拟现实（VR）技术进行施工现场的模拟。通过VR技术，项目团队能够模拟出隧道的施工过程，包括施工工艺、设备配置和人员组织等。这种模拟方式使得项目团队能够更好地理解施工过程，提前发现并解决潜在的施工问题。

（2）利用传感器和物联网（IoT）技术对施工现场进行实时监测。传感器能够收集施工现场的各种数据，如温度、湿度、振动等，并通过物联网技术将这些数据实时传输到项目管理系统中。项目团队可以通过这些数据对施工现场进行远程监控和管理，确保施工过程的顺利进行。

3. 运营阶段

（1）数字化技术被用于隧道的监测和维护。通过安装在隧道内的传感器和摄像头等设备，项目团队能够实时收集隧道内的各种数据，如交通流量、车辆速度、隧道结构状态等。这些数据可以用于隧道的日常监测和维护工作，及时发现并解决潜在的安全隐患。

（2）利用数据分析技术对这些数据进行处理和分析。通过数据分析技术，项目团队能够更深入地了解隧道的运营状态，发现潜在的问题并制定相应的解决方案。这有助于确保隧道的长期安全运行。

图5-10 德国斯图加特公路隧道

单元综合考核

教学楼走廊改造工程的数字化测量与建模

背景描述

某实训教学楼需对 2 层走廊(长 40 m、宽 2.5 m)进行无障碍设施改造。要求学生团队使用数字化测量设备,完成现场数据采集、处理及 BIM 模型更新,为改造设计提供依据。

考核任务清单

任务 1:现场数据采集(30 分)

设备使用

(1) 正确架设全站仪,完成测站定向(误差≤1°)

(2) 使用三维激光扫描仪(或手持扫描仪/全景相机)对走廊进行扫描(至少覆盖墙面、地面、顶棚管线)

采集内容

(1) 全站仪测量:走廊两端点坐标、3 处消防栓位置

(2) 扫描数据:完整覆盖走廊(拼接点云无断层)

任务 2:数据处理与建模(40 分)

1. 点云处理:使用软件(如 Trimble RealWorks/Leica Cyclone)去除噪点、生成走廊横截面(间隔 5 m 提取 1 处)

2. BIM 模型更新

在 Revit 中根据点云校正原有走廊模型尺寸(原模型长度误差达 15 cm)、添加实测消防栓族并定位、标注地面与顶棚高度差(允许误差±0.5 cm)

任务 3:成果输出(30 分)

交付成果

(1) 校正后的 Revit 走廊模型(含消防栓位置)

(2) 点云切片生成的 CAD 横断面图(3 张)

(3) 测量报告(含设备使用问题及解决对策)

评分标准:

考核项	评分细则	分值
设备操作	全站仪架设规范,扫描覆盖完整无死角	15
数据精度	坐标误差≤2 cm,点云拼接间隙≤3 cm	20
模型校正	走廊长度校正准确,消防栓定位偏差≤1 cm	25
成果规范性	横断面图标注完整,报告逻辑清晰	20
安全规范	操作中遵守仪器保护及现场安全规程	10
团队协作	分工合理、协作高效(记录操作日志)	10

学习单元6 建筑工业化施工

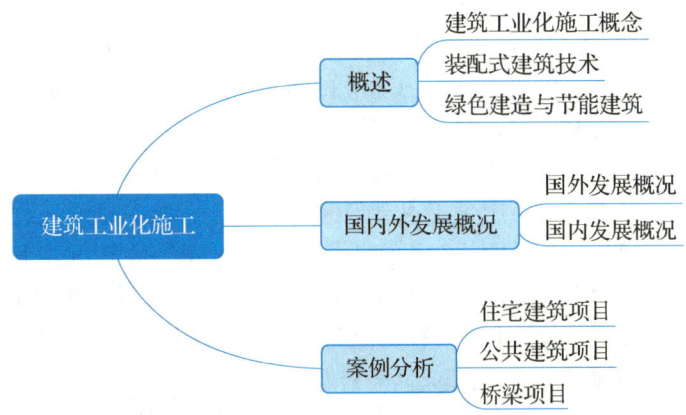

知识目标:

(1) 认识建筑工业化的概念、特点,及国内外发展现状,明晰其在建筑行业变革中的重要地位;

(2) 掌握装配式建筑施工的主要工序及基本流程;

(3) 熟悉常见智能施工机械及设备的特点及应用场景。

能力目标:

(1) 能进行装配式建筑施工流程管理;

(2) 能根据建筑施工内容选择适宜的智能施工机械和设备。

素质目标:

(1) 培养并强化学生的质量与安全意识;

(2) 提升信息与技术应用能力;

(3) 培育创新与发展能力。

6.1 建筑工业化施工概述

6.1.1 建筑工业化施工的概念

建筑工业化这一概念，伴随西方工业革命应运而生。工业革命促使造船、汽车生产效率大幅跃升，随着欧洲新建筑运动的兴起，采用工厂预制、现场机械装配的方式，逐步构建起建筑工业化最初的理论雏形。二战结束后，西方国家面临大量住房需求与劳动力严重短缺的双重困境，为建筑工业化的推行提供了实践契机，因其具备高效的工作效率，在欧美地区迅速风靡。1974年，联合国出版的《政府逐步实现建筑工业化的政策和措施指引》对"建筑工业化"作出定义：依照大工业生产方式对建筑业进行改造，使其逐步从手工业生产迈向社会化大生产的进程。其基本路径涵盖建筑标准化、构配件生产工厂化、施工机械化和组织管理科学化，并逐步引入现代科学技术的创新成果，以此提高劳动生产率，加快建设速度，降低工程成本，提升工程质量。

2020年7月3日，我国住房和城乡建设部、国家发展和改革委员会、工业和信息化部等13个部门联合发布《关于推动智能建造与建筑工业化协同发展的指导意见》（以下简称《指导意见》）。《指导意见》明确指出，要围绕建筑业高质量发展的总体目标，以大力发展建筑工业化为重要载体，以数字化、智能化升级为强劲动力，构建起涵盖科研、设计、生产加工、施工装配、运营等全产业链深度融合的智能建造产业体系。规划至2025年，我国智能建造与建筑工业化协同发展的政策体系和产业体系初步成型，建筑产业互联网平台初步搭建，培育出一批智能建造领域的龙头企业，成功打造"中国建造"升级版。到2035年，我国智能建造与建筑工业化协同发展将取得显著成效，建筑工业化全面达成，成功迈入智能建造世界强国之列。同时，《指导意见》从加快建筑工业化升级、强化技术创新、提升信息化水平、培育产业体系、积极推行绿色建造、开放拓展应用场景、创新行业监管与服务模式这七个维度，提出推动智能建造与建筑工业化协同发展的具体工作任务。

2020年8月23日，住房和城乡建设部、工业和信息化部等9部门联合印发《关于加快新型建筑工业化发展的若干意见》（建标规〔2020〕8号，以下简称《意见》），大力倡导发展装配式建筑，推动智能建造与建筑工业化协同共进，推进装配式构件及部品部件的标准化生产。新型建筑工业化的发展旨在改变以往建造技术水平有限、科技含量不高、单纯依靠劳动力成本竞争的模式，将工业化生产与建造过程和信息化紧密融合，在保障性住房和商品住宅中积极推广应用装配式混凝土结构，鼓励条件成熟的地区全面普及预制内隔墙、预制楼梯和预制楼板。《意见》对自《国务院办公厅关于大力发展装配式建筑的指导意见》（国办发〔2016〕71号）印发实施以来，以装配式建筑为代表的新型建筑工业化快速推进以及建造水平和建筑品质显著提升予以肯定，并对后续进一步发展作出相关指导。

新型建筑工业化的"新型"，集中体现在信息化与建筑工业化的深度融合，以信息化驱动工业化发展。步入新的发展阶段，以新一代信息技术为支撑的智能建造将成为一种具有革命性的发展模式。从建筑业未来发展趋势来看，新型建筑工业化将依托智能建造模式，摆脱对传统发展路径的依赖，实现专业化、协作化与集约化的工程建造社会化大生产，促使整个产业链资源得到优化配置并发挥最大效益，全面提升工程性能与品质，实现高效益、高质量、低消耗、低排放的发展目标。

6.1.2 装配式建筑技术

在当下建筑行业深度变革、积极探寻可持续发展与高效作业路径的大背景下,装配式建筑技术凭借其独特优势,无可争议地成为建筑工业化施工的核心要素。建筑工业化旨在通过现代化的生产、运输、安装和管理模式,彻底改变传统建筑业分散、低效的手工业生产状态,实现建筑行业的转型升级。而装配式建筑技术正是这一转型进程中的关键支撑,它以工厂化预制、现场组装的方式,极大地提升了建筑生产的效率和质量。其涵盖的关键环节,对于建筑工程从规划设计到交付使用的全流程顺利推进,以及最终建筑品质的保障,均起着决定性作用。

装配式建筑按结构体系,可分为以下类型:

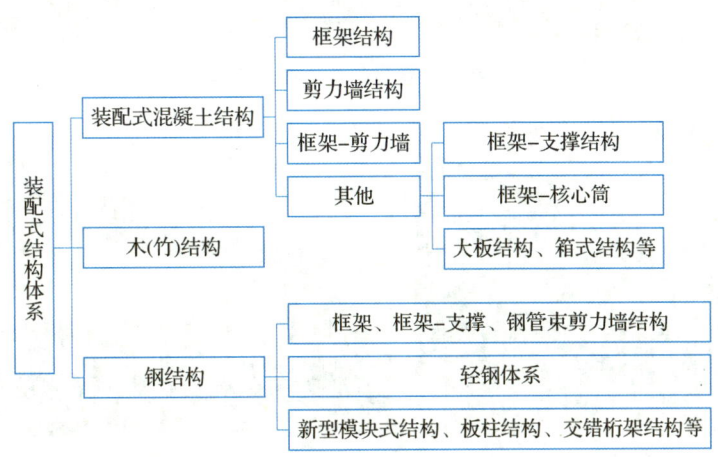

图 6-1 装配式建筑结构体系

本文以装配式混凝土结构为例讲述其施工技术。装配式建筑的建造过程主要包括:预制构件生产、构件运输、构件吊装及施工等环节。

(1) 预制构件生产环节。装配式建造的构件是在装配式生产工厂中完成的,利用高精度的模具、先进的自动化设备以及严格的质量管控体系,生产如预制墙板、柱、楼板、楼梯等各类建筑构件。装配式建造构件生产工厂见图 6-3,构件存放见图 6-4。通过精确控制原材料配比、生产工艺参数以及养护条件,确保每一个构件都具备极高的尺寸精度和优良的物理性能,从源头为建筑品质奠定坚实基础。

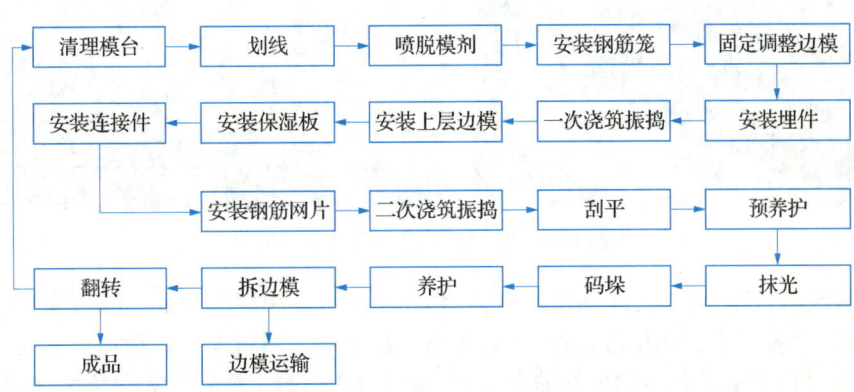

图 6-2 预制混凝土构件生产工艺流程

图 6-3　装配式建筑构件生产工厂内部场景

图 6-4　装配式建筑构件存放

（2）构件运输环节。运输环节需要根据构件的尺寸、重量和特性，精心规划运输路线，选用合适的运输工具，并配备专业的固定和防护装置，见图 6-5，以保证预制构件在从工厂运往施工现场的过程中，不受任何损坏，完整地抵达目的地，为后续施工提供保障，不容忽视。

图 6-5　装配式建筑构件装车运输

（3）构件吊装环节，是装配式建筑施工的关键节点，运用大型专业吊装设备，如塔吊、汽车吊等，在专业技术人员的精准指挥下，将预制构件吊运至建筑设计的指定位置，见图 6-6。这不仅要求操作人员具备高超的技能和丰富的经验，还依赖于先进的定位和校准技术，确保构件之间实现精准对接,误差控制在极小范围内,从而保证建筑结构的整体性和稳定性。

图 6-6 装配式建筑构件吊装

装配整体式混凝土构件吊装施工,主要包括构件的起吊、就位、调整等工作,以实现装配整体式混凝土构件的临时就位,下面图示以装配整体式混凝土结构为例,介绍装配式混凝土构件的吊装施工,具体包括设备工具的选型、人员材料的准备、技术方案的准备、各类型构件的施工工艺流程等。详见图 6-7、6-8。

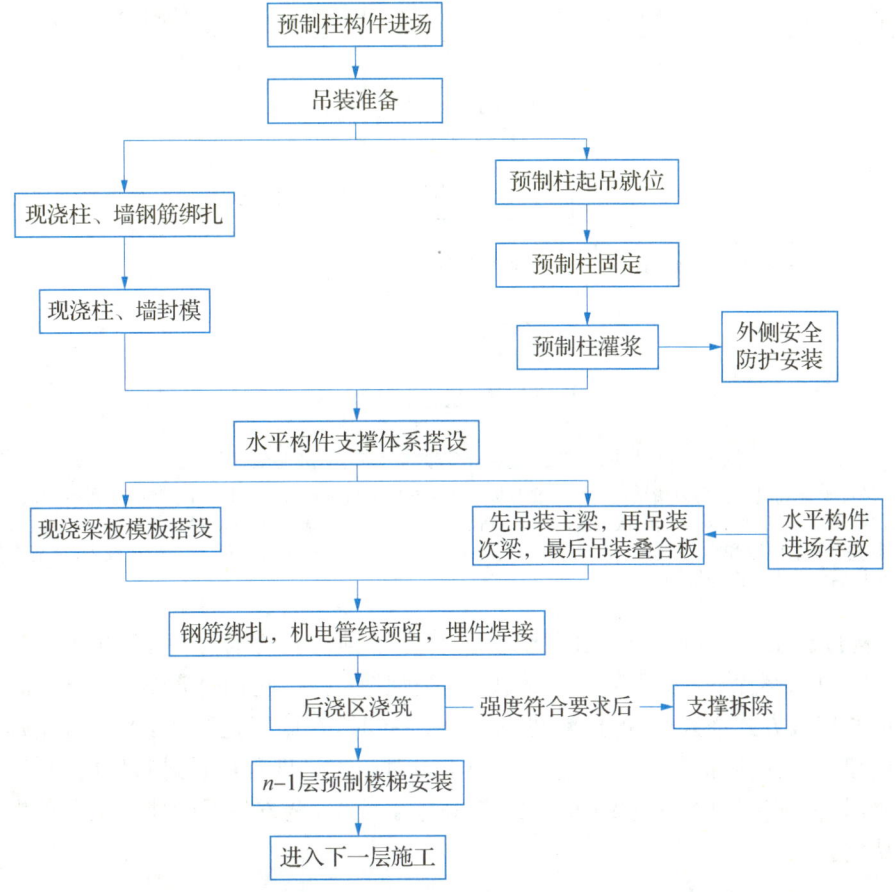

图 6-7 装配整体式混凝土框架结构吊装施工工艺流程

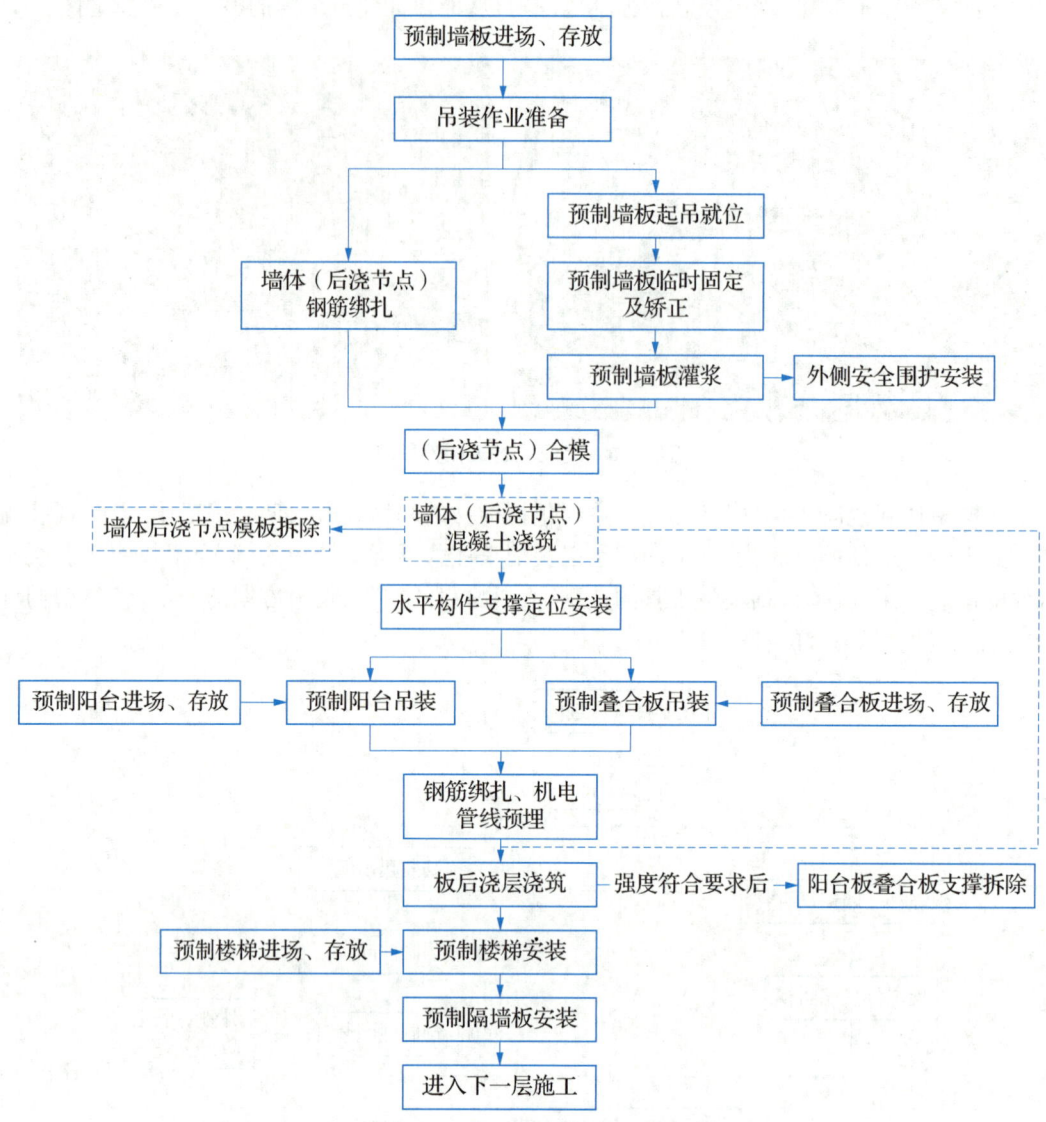

图 6-8 装配整体式混凝土剪力墙结构吊装施工工艺流程

注：1. 装配整体式混凝土剪力墙结构的水平叠合板后浇层和竖向墙体后浇节点可一次浇筑，也可分两次浇筑，上图中虚线部位施工环节，在水平和竖向一次浇筑时，调整到与"叠合板后浇层浇筑"同一位置。

2. 预制叠合板后浇层和竖向墙体后浇节点分两次浇筑，可以加快竖向模板的周转，减少模板投入；预制叠合板后浇层和竖向墙体后浇节点一次浇筑，整体性好。

（4）构件施工环节，是通过装配化施工，将各个预制构件有序组装，并采用先进的连接技术，如焊接、螺栓连接、灌浆套筒连接、现浇混凝土等，使构件形成一个稳固的整体。其中常用的连接方式灌浆套筒连接，见图6-9。同时，在施工过程中，严格遵循标准化的施工流程和质量检验标准，利用信息化管理手段对施工进度和质量进行实时监控，减少现场湿作业，降低施工风险，有效缩短工期，提高施工效率，全方位保障建筑工程的顺利竣工和卓越品质。

图 6‐9 装配式建筑构件灌浆施工

6.1.3 绿色建造与节能建筑

绿色建造是指在工程建设的全过程中，最大限度地节约资源（如节能、节地、节水、节材等）、保护环境和减少污染，为人们建造健康、适用的建筑物。绿色建筑的基本内涵可归纳为：减轻建筑对环境的负荷，即节约能源及资源；提供安全、健康、舒适性良好的生活空间；与自然环境亲和，做到人及建筑与环境的和谐共处、永续发展。其主要理念体现在：通过标准化设计，减少因设计不合理导致的材料、资源浪费；通过工厂化生产，减少现场湿法作业带来的建筑垃圾与污水排放；通过装配化施工，减少噪声排放、现场扬尘、运输遗洒，提高施工质量与效率。正所谓"绿水青山就是金山银山"，合理利用自然资源、保护生态环境是现代工业文明的主要标志。绿色建造是建筑业整体素质的提升，是现代工业文明的主要标志。将绿色建造理念贯穿到工程建设的全过程是新型建筑工业化的重要目标，同时也是提升建筑业整体素质、改善行业形象的重要手段。

节能建筑则着重于在建筑使用过程中，通过采用一系列节能措施和技术，降低建筑能源消耗，减少对传统能源的依赖，在满足建筑基本功能需求的同时，提高能源利用效率，降低能源成本。

节能建筑是绿色建造的重要组成部分，绿色建造包含了节能建筑的理念和实践。绿色建造是一种贯穿建筑全生命周期，包括规划、设计、施工、运营和拆除阶段的可持续建筑理念。它致力于最大程度减少对环境的负面影响，提高资源利用效率，保障建筑使用者的健康和舒适度，涵盖环境保护、资源节约、生态平衡等多方面，追求建筑与自然环境的和谐共生。绿色建造不仅关注建筑能源效率，还涉及土地利用、水资源保护、材料选择、室内环境质量等多个维度，是更为全面和综合的概念。而节能建筑主要聚焦于能源消耗的降低，通过优化建筑能源系统和采用节能技术实现节能目标。

绿色建造和节能建筑是建筑领域中紧密相关且共同推动行业可持续发展的重要理念。两者相辅相成，共同为建筑行业迈向可持续发展注入动力，助力实现更绿色、更环保、更节能的建筑未来。

> **课堂互动**
>
> 2020年9月22日,习近平主席在第七十五届联合国大会一般性辩论上提出:中国将提高国家自主贡献力度,采取更加有力的政策和措施,二氧化碳排放力争于2030年前达到峰值,努力争取2060年前实现碳中和。
>
> 请你说说什么是"双碳"政策?我国为此已经采取了哪些措施?

6.2 建筑工业化施工国内外发展概况

6.2.1 建筑工业化施工国外发展概况

近现代国外建筑工业化发展历经了四个阶段。

1. 19世纪中叶是第一个预制装配建筑高潮

建筑工业化是随着工业革命而出现的概念,随着新建筑运动在欧洲的兴起,实行工厂预制、现场机械装配,逐步形成了建筑工业化的雏形。

西方第一个建筑预制装配高潮出现在19世纪中叶,一开始主要应用在展览馆、火车站等大厅型建筑与厂房中,后来又延伸到仓库、商店和办公楼中,主要用铸铁与玻璃预制件来建造。这期间,一个里程碑式的建筑是高度预制与模式化、标准化的"水晶宫",设计者为帕克斯顿。建造于1851年的伦敦水晶宫(图6-10)是英国工业革命时期的代表性建筑,其大部分为铁结构,外墙和屋面均为玻璃,这也是世界上第一座大型装配式公共建筑。

图6-10 伦敦水晶宫

由于各地的移民需要,19世纪成了大量预制木屋与铁屋生产和出口的繁荣时代。其中较著名的一种结构是美国的balloon木构架。当时英国为满足移民需要还大量生产与出口了小型的预制铸铁、熟铁部件与构件。

2. 20世纪初是第二个预制装配建筑高潮

一战后欧洲城市住房矛盾尖锐化,迫切需要大量兴建住宅,廉价混凝土的使用为解决大量性住宅建造提供了有效途径。20世纪30年代,法国发展了几个多层预制混凝土构件体系,其中Mopin多层公寓体系较为成功,它被应用在英国利兹城Quarry Hill贫民窟改建中,这个项目是二战前最大的预制装配住宅实践。德法荷等国一些现代建筑倡导者也搞了一些试验,正式提出了建筑工业化的概念,同时举办展览会等扩大其影响。图6-11~6-12是该时期的一些典型房屋建筑。

图6-11 1903年John采用预制混凝土结构建设房屋

图6-12 美国帝国大厦建造场景(1931年建成)

3. 二战后是建筑工业化真正的发展阶段

第二次世界大战结束后,西方国家出现急需解决大量住房而又严重缺乏劳动力的情况,为推行建筑工业化提供了实践的基础。法国的现代建筑大师勒·柯布西耶便曾经构想房子也能够像汽车底盘一样工业化成批生产,他的著作《走向新建筑》奠定了工业化住宅、居住机器等前沿建筑理论的基础。为促进国际间的建筑产品交流、技术合作并推动建筑标准化,国际标准化组织(ISO)在各国有关部门的配合下制定了一系列建筑标准、条例和规范。此后,以标准化为基础的居住单元系列装配式建筑迅速发展。装配化施工具有提高劳动生产率及产品质量,缩短施工周期,减少噪声排放、现场扬尘、运输遗洒,提高施工质量等一系列优势。图6-13是正在建造中的赫鲁晓夫楼。

1954年诞生了第一条预制构件生产线,此后随着装配式施工技术的不断发展,一些技术要求高的工程项目由具有专用设备和技术的施工队伍承担,进一步推动了建筑生产的专业化与社会化。

图6-13 正在建造中的赫鲁晓夫楼

4. 二十世纪七十年代以后,国外建筑工业化进入新的阶段

1974年,联合国出版的《政府逐步实现建筑工业化的政策和措施指引》中对"建筑工业化"作出如下定义:"按照大工业生产方式改造建筑业,使之逐步从手工业生产转向社会化大生产的过程。它的基本途径是建筑设计标准化、构配件生产工厂化、施工机械化和组织管理科学化,并逐步采用现代科学技术的新成果,以提高劳动生产率,加快建设速度,降低工程成本,提高工程质量"。1993年,丹麦学者Lauris Koskela将制造业已成熟应用的精益管理原理引入到建筑业,首次提出了"精益建造"(Lean Construction)的概念,试图根据精益生产的思想,结合建筑工程的特点对施工过程进行改造,从而形成功能完整的建造系统。与传统的工程管理理论相比,精益建造更强调面向建筑产品的全生命周期,彻底消除建筑施工过程中的各种浪费与不确定性,从而最大限度地满足客户需求。精益建造理论的诞生,进一步推动了工程建造向着精益化、集约化的方向发展。

在此阶段,欧美等发达国逐渐完善各自的建筑工业化体系,在预制与现浇相结合的结构体系中取得优势,且都逐渐形成了各自的建筑特色,从专用体系向通用体系发展。见图6-14~6-15。

图 6-14 东京中银舱体大楼，1972年建成

图 6-15 典型的大板建筑

美国主要为装配式框架结构，细柱厚板，外墙为预制墙板的建筑结构。

瑞典开发了大型混凝土预制板的工业化体系，大力发展以通用部件为基础的通用体系。有人说："瑞典也许是世界上工业化住宅最发达的国家"，他们的住宅预制构件达到了95%之多。瑞典建筑工业化特点主要表现为：① 在完善的标准体系基础上发展通用部件。② 模数协调形成"瑞典工业标准"(SIS)，实现了部品尺寸、对接尺寸的标准化与系列化。

日本通过立法和认定制度大力推广住宅产业化：二十世纪六七十年代出台的《建筑基准法》成为日本大规模推行产业化的节点。70年代设立了"工业化住宅质量管理优良工厂认定制度"，这一时期采用产业化方式生产的住宅占竣工住宅总数的10%左右。80年代中期设立了"工业化住宅性能认定制度"，采用产业化方式生产的住宅占竣工住宅总数的15%～20%，住宅质量和性能明显提高。到90年代采用产业化方式生产的住宅占竣工住宅总数的25%～28%。日本住宅产业化的重要成就之一是KSI体系住宅。

目前，国外装配式住宅发展趋势是：

(1) 向长寿命居住和绿色住宅产业化方向发展。
(2) 从闭锁体系向开放体系发展。
(3) 从湿体系向干体系发展，现在又广泛采用现浇和预制装配相结合的体系。
(4) 从只强调结构预制向结构预制和内装系统化集成的方向发展。
(5) 更加强调信息化的管理。
(6) 更加与保障性基本住房需求建设结合。

6.2.2 建筑工业化施工国内发展概况

1. 第一阶段：启动发展阶段，1950年至1980年

我国建筑工业化的发展起源于20世纪50年代，彼时新中国成立不久，百废待兴，基础设施建设迫在眉睫。在我国制定的第一个国民经济五年发展规划中，明确提出参考借鉴苏联以及东欧各国在建筑工业化领域的成熟经验。这些国家在二战后迅速开展大规模重建工

作,在预制构件生产和装配式建筑应用方面积累了丰富的实践成果。我国学习其先进的标准化设计理念,通过统一建筑构配件的尺寸、规格,实现规模化生产;引入工厂化的生产模式,将原本分散在施工现场的作业集中到工厂,利用专业设备和流水线提高生产效率;推行机械化施工,减少人力依赖,提高施工速度和质量。这一系列举措为我国建筑工业化的起步提供了明确方向,促使建筑行业逐步告别传统的纯手工建造模式,开启向工业化生产模式的转型,正式拉开了建筑工业化发展的大幕。

20 世纪 60 年代至 80 年代,是我国装配式建筑稳步且快速发展的黄金时期。特别是从 70 年代后期起,随着国内经济的逐步复苏和城市化进程的加快,多种装配式建筑体系在国内呈现出蓬勃发展的态势。在砖混结构的多层住宅领域,低碳冷拔钢丝预应力混凝土圆孔板因其独特优势得到极为广泛的应用。这种圆孔板采用低碳冷拔钢丝作为受力钢筋,经过特殊的预应力工艺处理,使得每平方米的用钢量仅在 3—6 kg 的较低水平,有效节约了钢材资源。在施工过程中,由于其结构设计合理,无需像传统施工那样搭建复杂的模板,借助简易的吊装设备,甚至依靠人力肩扛手抬,便能够顺利完成安装工作,极大地提高了施工效率,加快了工程进度。而且,其生产技术相对简单,工艺流程易于掌握,各地根据自身的建筑需求和资源条件,纷纷建立起生产线。一时间,预应力空心板迅速成为我国装配式建筑体系中应用范围最广、使用数量最多的关键产品,为解决当时大量的住房需求发挥了重要作用。

20 世纪 70 年代末期,北京作为国家首都,城市建设飞速推进,高层住宅建设需求日益迫切。为有效解决住房紧张问题,我国从东欧引入了装配式大板住宅体系。该体系的内外墙板以及楼板均在预制工厂提前加工制作成混凝土大板,运用先进的混凝土搅拌、振捣和养护工艺,确保大板的强度和质量。在施工现场,利用大型塔吊等吊装设备直接进行装配作业,施工过程中无需再搭建模板与支架,这一显著特点使得施工速度大幅提升,高效地满足了当时北京地区高层住宅建设的紧迫需求。

在这一时期,北京地区大量 10—13 层的高层住宅采用了装配式大板体系,个别项目甚至将其应用于 18 层的高层住宅建设中。截至 1986 年,北京市累计建成的装配式大板高层住宅面积已接近 70 万 m^2,这一数据直观地反映了该体系在当时的广泛应用程度。见图 6-16~6-17。

在多层办公楼的建设方面,上海市采用了装配式框架结构体系,其中框架梁采用预制的花篮梁,这种梁型设计巧妙,增加了建筑空间的利用率;柱子为现浇柱,保证了结构的整体性;楼板则选用预制预应力空心板,充分发挥其轻质、高强的特性。这种结构体系在满足建筑办公功能需求的同时,也体现了装配式建筑在不同建筑类型中的多样化应用。

在单层工业厂房建设中,普遍采用装配式混凝土排架结构体系,其构件包括预制混凝土排架柱、预制预应力混凝土吊车梁、预制后张预应力混凝土屋架以及预应力大型屋面板等。这些构件在工厂生产时,严格按照标准化设计和工艺流程,采用高精度模具和先进的混凝土成型技术,有效提高了工业厂房的建设效率和质量。据相关文献记载,到 20 世纪 80 年代末,全国范围内已涌现出数万家预制混凝土构件厂,全国预制混凝土的年产量高达 2 500 万 m^2。

在这一时期,装配式建筑体系得到了广泛的应用与认可,大量预制构件实现了标准化生产,并编制了详细的标准图集。各设计院在工程项目设计过程中,依据标准图集进行合理选用,根据建筑的功能、规模和结构要求挑选合适的构件型号;预制构件加工单位严格按照标准图集进行生产加工,从原材料采购、生产工艺控制到成品检验,都遵循统一的标准;施工单位则根据标准图集开展构件采购工作,形成了一套从设计、生产到施工,较为完善的装配式建筑产业链运作模式。

图 6-16　北京外交公寓

图 6-17　北京前三门大街住宅楼

装配式混凝土结构体系在当时能够很好地适应我国建筑技术发展的需求,主要归因于以下几个方面。其一,当时各类建筑的建造标准相对不高,建筑形式较为单一,大多以满足基本居住和使用功能为主,建筑平面布局和立面造型缺乏变化。这使得采用标准化的建造方式具有较高的可行性和便利性,一套标准设计可以在多个项目中重复使用。其二,在当时的技术条件和认知水平下,对房屋建筑的抗震性能要求尚未达到较高标准,装配式结构体系通过合理的节点连接和构造措施,能够满足基本的抗震需求。其三,总体建设规模相对不大,相关预制构件厂的生产供应能力足以满足市场需求,保障了装配式建筑的顺利推进。各地区根据自身建设规划,合理布局预制构件厂,实现了供需的基本平衡。其四,当时面临木模板、支撑体系以及建筑用钢筋短缺的实际情况,预制装配方式成为解决材料短缺问题的有效途径。在工厂生产构件可以集中利用有限的材料资源,减少施工现场的浪费。最后,当时施工企业的用工模式普遍采用固定制,工人数量相对固定,采用预制装配方式可以显著减少现场劳动力的投入,降低人工成本和管理难度,施工企业只需安排少量技术工人进行现场装配作业。

2. 第二阶段：低潮阶段，1980 年至 2008 年

然而，从 20 世纪 80 年代末开始，我国装配式建筑的发展遭遇了前所未有的困境，进入了发展低潮期。在结构设计中，装配式体系的应用频率大幅降低，大量预制构件厂因市场需求锐减而不得不关门转产。深入分析这一现象背后的原因，我们不难发现，装配式建筑长期存在的一些问题逐渐显现出来。

在 1976 年的唐山大地震中，采用预制板的砖混结构房屋以及预制装配式单层工业厂房等建筑结构遭受了严重破坏。这些建筑在地震中出现墙体开裂、楼板坍塌、结构失稳等问题，这一惨痛教训使得人们对装配式体系的抗震性能产生了深深的担忧。相比之下，现浇结构体系由于是在现场整体浇筑，混凝土与钢筋形成一个连续的整体，具有更好的整体性，在抗震性能方面表现更为出色，从而受到更多关注和青睐。同时，大板住宅建筑由于当时产品工艺和施工条件的限制，存在墙板接缝渗漏、隔音效果差、保温性能不佳等诸多使用性能方面的问题。在墙板接缝处，由于密封材料质量不佳和施工工艺不精细，雨水容易渗入室内；隔音方面，预制大板之间的连接缝隙和材料本身的隔音性能不足，导致室内噪音较大；保温性能上，当时的保温材料和构造措施落后，难以满足节能要求。这些问题直接影响了居民的居住体验，导致其在北京的高层住宅建设中的应用规模大幅缩减。

与之形成鲜明对比的是，从 20 世纪 80 年代末开始，现浇结构体系在我国建筑领域得到了广泛应用。究其原因，主要有以下几点。

首先，这一时期我国经济快速发展，建筑建设规模呈现出急剧增长的态势，每年新建建筑面积大幅增加。装配式结构体系在生产能力和施工效率方面逐渐难以适应如此大规模的建设需求，工厂的生产速度和运输能力有限，无法及时供应大量的预制构件。

其次，随着建筑设计理念的不断发展和创新，建筑设计的平面、立面越来越呈现出个性化、多样化和复杂化的特点。建筑师追求独特的建筑造型和空间布局，装配式结构体系由于其标准化、模块化的特性，在实现这些复杂设计要求时面临诸多困难，而现浇结构体系则能够根据设计要求，在现场灵活地进行钢筋绑扎和混凝土浇筑，更加灵活地满足建筑设计的多样化需求。

再者，随着人们生活水平的提高和对建筑安全性能的关注度不断提高，对房屋建筑抗震性能的要求也日益提升。设计人员基于结构安全考虑，更倾向于采用抗震性能更好的现浇结构体系，通过优化混凝土配合比、增加钢筋配置等措施，提高建筑的抗震能力。此外，大量农民工涌入城镇，为建筑行业提供了充足且廉价的劳动力资源，使得低成本的粗放式现场湿作业成为混凝土施工的首选方式。施工企业可以以较低的成本雇用大量农民工，采用传统的现场支模、绑筋、浇筑混凝土的方式进行施工。同时，胶合木模板、大钢模、小钢模等模板材料的迅速普及，以及钢脚手架的广泛应用，有效解决了现浇结构体系在模板和模架方面的难题。这些新型模板材料强度高、周转次数多，钢脚手架搭建方便、稳定性好，为现浇施工提供了有力保障。

最后，我国钢材产量在这一时期实现了大规模增长，从过去的供不应求转变为供应充足。使得在楼板等构件的设计和生产中，不再过分追求如预应力混凝土圆孔板那样低的单位面积用钢量，设计师可以根据结构需求合理配置钢筋，从而为现浇结构体系的广泛应用提

供了有力的材料保障。综上所述，现场现浇的结构体系在当时的历史条件下，更加契合我国大规模建设的实际需求。

3. 第三阶段：重新启动阶段，2008年至今

近年来，传统的现场现浇施工方式是否符合我国建筑业的长远发展方向，再次引发了业内的深入思考和审视。一方面，随着社会的不断发展与进步，新生代工人成长于经济条件较好的时代，就业观念发生了显著变化，他们更加注重工作环境、职业发展和生活质量，不再愿意从事劳动条件恶劣、劳动强度大的建筑施工行业。这导致施工企业频繁出现"用工荒"现象，为了吸引工人，不得不提高工资待遇，进而推动劳动力成本快速上升。在这种情况下，采用大规模劳动密集型的现场现浇施工方式的可持续性受到了严重质疑，施工企业面临着成本增加和人员短缺的双重压力。另一方面，社会对施工现场环境污染问题的关注度日益提高，采用现浇方式的施工现场普遍存在水资源浪费、噪声污染严重、建筑垃圾产生量大等一系列环境问题。在混凝土搅拌和养护过程中，需要大量用水，且缺乏有效的节水措施；施工过程中的机械设备运转、模板拆除等产生的噪声，对周边居民生活造成干扰；现场加工钢筋、模板等产生的废料，以及施工过程中产生的废弃混凝土等建筑垃圾，不仅占用大量土地，还难以有效处理，这与当前绿色发展的理念背道而驰。此外，施工现场的工程质量状况也不尽如人意，建筑施工质量通病屡见不鲜，如混凝土裂缝、钢筋锈蚀、墙体空鼓等问题，严重影响了建筑的使用功能和安全性。从可持续发展的战略高度来看，传统建筑业迫切需要进行产业转型与升级，以适应新时代的发展要求。

在这样的背景下，建筑工业化作为推动建筑业转型升级的重要途径，再次成为行业关注的焦点。中央及全国各地政府纷纷出台相关政策文件，明确表示大力推动建筑工业化发展。国家层面发布了一系列鼓励政策，如给予装配式建筑项目财政补贴、税收优惠，在土地出让环节优先保障装配式建筑项目用地等。各地政府也积极响应，结合本地实际情况，制定了详细的实施细则和发展目标。

在国家和地方政府的政策支持下，我国装配式结构体系迎来了新的发展机遇。经过科研人员和行业从业者的不懈努力，形成了装配式剪力墙结构、装配式框架结构等多种形式的装配式建筑技术。在装配式剪力墙结构中，通过优化墙板的连接节点和构造措施，提高结构的整体性和抗震性能；装配式框架结构则注重梁柱节点的设计和施工工艺，确保结构的承载能力和稳定性。同时，相继编制完成了《装配式混凝土结构技术规程》(JGJ 1—2014)、《钢筋套筒灌浆连接应用技术规程》(JGJ 355—2015)等一系列相应的技术规程，从设计、生产、施工到验收，为装配式建筑的规范化发展提供了全面的技术支撑。全国各地，尤其是建筑工业化试点城市，积极加大对预制装配式结构体系的试点推广应用力度。例如，深圳、上海、杭州等城市，在新建住宅和公共建筑项目中，规定一定比例的项目必须采用装配式建筑，并建立了装配式建筑产业园区，吸引上下游企业集聚，形成完整的产业链，推动装配式建筑在实践中不断发展和完善。

随着建设规模的持续快速发展，现浇混凝土结构施工技术也取得了长足的进步。商品混凝土(预拌混凝土)经过多年的推广应用，目前已在我国大、中城市全面普及。商品混凝土生产企业采用先进的搅拌设备和自动化控制系统，严格控制原材料质量和配合比，确保混凝土的质量稳定。混凝土泵送技术也得到了广泛应用，其泵送高度已达621 m，通过改进泵送

设备的性能和管道布置，有效解决了高层建筑的混凝土垂直运输难题，极大地提高了施工效率。商品混凝土与混凝土泵送技术的有机结合，为现浇体系在混凝土生产与浇筑环节实现建筑工业化提供了一种良好的范例，减少了施工现场的混凝土搅拌作业，降低了噪音和粉尘污染。然而，我们也必须清醒地认识到，目前施工现场在模板与钢筋加工方面，仍然普遍采用现场加工的方式。这种方式不仅耗费大量的人力物力，需要大量工人进行钢筋的切断、弯曲、绑扎，以及模板的制作、安装和拆除，而且会产生大量的建筑垃圾，如废弃的钢筋头、模板边角料等，严重不符合建筑工业化的发展要求。因此，研发与推广应用新型模板与模架技术、钢筋集中加工配送体系，成为实现现浇体系工业化建造的关键任务。新型模板如铝合金模板，具有重量轻、强度高、周转次数多、回收价值高等优点；钢筋集中加工配送体系则将钢筋加工集中在工厂进行，采用自动化设备，提高加工精度和效率，减少材料浪费，然后将加工好的钢筋成品运输到施工现场，直接进行安装。

此外，国内相关施工企业也在积极探索施工现场的工业化建造技术，例如采用大型集成化、机械化的施工平台，旨在减少现场劳动作业量，降低对环境的影响。这些施工平台集成了多种施工设备和功能，如塔吊、升降机、混凝土布料机等，实现了施工的一体化作业。工人在平台上进行操作，减少了在建筑物不同部位的攀爬和移动，提高了施工安全性。从理论层面来看，采用这些现代新型施工技术进行生产建造的现浇结构，同样具备工业化建筑的特征，提高了施工效率，降低了劳动强度，减少了施工现场的环境污染。

在过去的十年间，钢结构作为一种预制化、工厂化程度较高的结构形式，在民用建筑和工业建筑领域都得到了推广应用，其应用比例已达到5%左右。在民用建筑方面，国内大跨度公共建筑如体育馆、会展中心、航站楼、大型火车站的站房与雨棚等，普遍采用钢结构，以充分发挥其大跨度、高强度的优势，见图6-18至图6-21。钢结构可以实现大空间的无柱设计，满足这些建筑对空间的特殊要求；高层建筑中也有一定比例采用钢结构，超高层建筑则基本采用外钢框架+混凝土核心筒的混合结构体系，外钢框架提供较大的抗侧力能力，混凝土核心筒保证结构的竖向承载能力，兼顾了结构的安全性和经济性；国内还积极开展了钢结构住宅的研究与试点推广应用工作，通过采用新型的墙体材料和保温隔热技术，解决钢结构住宅的保温、隔音和防火等问题，为住宅建筑的发展提供了新的思路和方向。在工业建筑领域，大多数工业建筑都采用钢结构，单层工业厂房大量采用轻型门式刚架或钢结构排架体系，这些结构形式具有造价低、施工速度快、空间利用率高等优点；多层重型工业厂房则普遍采用钢框架结构，满足工业生产对大空间和重载的需求。

随着我国钢铁产能出现过剩现象，政府积极鼓励钢材的使用，出台了一系列政策支持钢结构建筑的发展。钢结构建筑作为一种工业化建筑，凭借其自身的优势和政策的支持，具有广阔的应用前景。在政策的引导和推动下，包括研发单位、房地产开发企业、总承包企业、高校等在内的众多行业主体，都积极投身于建筑工业化的研发与探索工作中。国内科研院所、高校等与相关企业紧密合作，成立了多个建筑工业化创新战略联盟，共同致力于研发、建立新的工业化建筑结构体系与相关技术，如新型装配式混凝土结构体系、高性能钢结构体系、智能建造技术等，为积极推动我国建筑工业化的进一步发展贡献力量。

拓展学习

大国建造：
探寻工程奇迹

学习单元 **6** 建筑工业化施工

图 6-18 上海万科新里程 20、21 号楼

图 6-19 深圳龙华扩展区 0008 地块保障性住房

图 6-20 长沙 T30A 酒店

图 6-21 万科金域华府产业化住宅楼

课堂互动

请同学们分组,寻找国内外建筑工业化建筑典型案例,并讨论分析:
1. 该典型案例的产生时间,建筑特色;
2. 国外建筑工业化发展快速的背景及工业基础;
3. 国内建筑工业化发展滞后的原因,及现阶段发展特点。

6.3 建筑工业化施工案例分析

6.3.1 住宅建筑项目

1. 湛江市东盛路公租房项目

东盛路南侧钢结构装配式公租房项目工程位于湛江市赤坎区东盛路与华田路交界处，项目规划总用地面积 24 885.55 m²，其中二类居住用地 14 594.25 m²，市政道路用地面积 10 291.30 m²，总建筑面积为 68 606.79 m²，合同金额 28 545.96 万元。项目由三栋高层住宅塔楼和两层商业裙房组成，楼高分别为 32 层(96.5 m)、28 层(84.9 m)和 30 层(90.7 m)，下设两层地下室。如图 6-22 所示。

图 6-22 湛江东盛路公租房项目

该项目是广东省湛江市的重大民生工程，建成后将为青年教师、医生、环卫工人、公交车司机等提供 840 套公共租赁住房，是湛江市政府贯彻落实关于建立符合中国国情的多层次住房供应体系、解决住有所居等民生问题的重要举措，是贯彻"以人民为中心"发展思想和新发展理念的生动实践。

项目将钢结构建筑领域最新的技术和方法应用到工程建设中，符合绿色化、工业化的发展方向。中建科工集团有限公司在该项目设计阶段通过风洞试验辅助设计定案，并将在项目交付使用后进行持续性的结构监测，通过数值模拟、风洞试验、结构监测的数据交叉验证分析，研究钢结构装配式住宅结构设计的关键控制因素。中建科工集团有限公司还借助 BIM 技术，探索并初步实现了钢结构装配式住宅建筑、结构、水电等多专业交叉的一体化设计以及结构构件标准化和户型标准化。积极应用智能制造、墙板安装机器人、无尘切割等新技术、新设备、新工艺,大大提升了建筑现场工业化水平,实现了现场装配效率和质量的全面提升。

该工程系粤西地区首例开建的钢结构装配式住宅工程,融合了智慧工地、绿色施工、BIM施工等现代化建筑理念,是全国首批、广东唯一入选"钢结构装配式住宅建设试点项目"的建设项目,项目整体达到国家装配式建筑A级标准、国家绿色建筑标准。该项目采用工程总承包(EPC)的新型管理模式,在设计规划之初就征集了使用者的实际需求,融入设计规划中,体现了新型建筑工业化的优势。

2. 娄底市三一街区项目

娄底市三一街区项目位于湖南省娄底市经济开发区,如图6-23所示。

图6-23 娄底市三一街区

项目中共5栋建筑采用SPCS剪力墙体系,总建筑面积6.2万 m^2。各单体除电梯井以外的墙体全部预制,竖向构件实际应用比例接近80%,装配率均超过60%,按《湖南省绿色装配式建筑评价标准》评价,达A级绿色装配式建筑。

其中8、9、10、11号楼建筑高度98.4 m,并应用了最新的SPCS3.0技术,包括洞口预封堵、端部暗柱预制等,在确保结构安全性和防水性的同时,实现了快速安装,主体结构工期稳定实现4 d/层。

18号楼建筑高度为58.45米,层高为3.1米,总共17层,采用"三一筑工SPCS3.0结构体系+SPCH空间灵动家"结构,空腔墙应用范围4—17层,预制楼板应用范围3—17层,装配率达到66.7%。SPCH可变空间住宅的结构设计需创造极简的结构空间,优先沿建筑周边布置剪力墙,内部仅保留极简的结构墙体,通过应用大跨度预应力楼板和ALC内隔墙,使住户在使用期内可通过调整隔墙位置改变房间布局,适应不同时期不同居住人数的需求。部分建筑外墙的窗间墙采用填充墙,进一步为灵活可变的空间提供潜在可能,未来的用户也可能创造出更多的变化。该楼采用SPCS地下室外墙和SPCS空腔预制柱,提升施工速度,减少现场材料损耗和人工需求,在地下建筑工业化方向进行了积极的探索。SPCS剪力墙结构体系采用"空腔预制构件＋搭接钢筋＋后浇叠合混凝土","空腔＋搭接＋后浇"是一种"工业化现浇"的过程,它既保留了传统现浇的做法,整体安全,防水性能好,品质高,又用工业化生产的方式,提升了生产效率,大大减少了对环境的污染,且结构在施工上实现大墙、大板,从而大大减少了构件吊装、支撑搭设、模板安装、钢筋绑扎、混凝土浇筑等工作内容,减少了现场工人需求,有效地缩短了标准层的施工工期,从而有效地节约了建筑成本。

该项目通过 SPCS 3.0"空腔搭接加后浇、等效异构好快省"的技术,真正实现了"SPCS inside:装配式建筑,结构安全成本低;筑享云建造,绿色低碳好快省"的目标。通过 SPCH "大开间极简结构承载自由灵活空间布置"的设计理念,满足了住户定制的可变空间需求,是湖南省首个地上地下全部应用竖向 PC 构件的叠合结构工程实例,是全国首个空间灵动家示范项目,也是全国叠合剪力墙首次在百米高层建筑中的应用。

6.3.2 公共建筑项目

1. 京东智慧城

宿迁京东智慧城三标段是京东集团打造的商务办公综合体重要组成部分,总建筑面积约 53 万 m^2 其中,9 号超高层办公楼建筑高度达 158 米,是宿迁第一高楼、地标性建筑。该项目由中建科工集团有限公司承建,由超高层办公楼、多层办公楼、商业配套建筑、公寓以及生活配套建筑组成,其中超高层办公楼 158.85 m,共 33 层,是目前宿迁地区最高建筑。如图 6-24 所示。

图 6-24 京东智慧城

9 号超高层办公楼主要由塔楼停机坪下部倒锥形蜂窝铝板幕墙、塔楼单元式幕墙、塔楼裙摆玻璃幕墙、一层入口大跨度全玻璃幕墙、入口门斗及雨棚、裙楼构件式幕墙组成。幕墙面积约 5.2 万平方米,7—10 层的连接处利用曲面幕墙,整体外观呈现出"J"字形象,将品牌印象融入建筑设计。塔楼停机坪完成面距离主体结构悬挑 8 米且蜂窝铝板面积大、材质轻、易划伤,成品保护困难,层高风大,龙骨重,施工难度极大。

为保证整体受力性能,现场搭设悬挑脚手架进行施工;考虑悬挑长度过大,在工字钢位置处用钢丝绳作为吊拉钢拉杆,在混凝土梁与工字钢接触位置焊接角钢防滑。

塔楼北立面 7—10 层飞翼玻璃呈弧形,吊篮无法降落到位,存在必然的施工盲区,项目利用吊装轨道、吊篮、曲臂车配合施工。裙摆处玻璃主体楼面为退层形式,玻璃造型为弧形,玻璃安装难度大,经过现场管理人员多次展开专题会议进行研讨,最终以搭设阶梯形脚手架配合吊装轨道,从上至下安装一层拆除一层来逐级施工,既保障了安全,也提高了现场施工效率。一层入口处大跨度全玻璃幕墙采用不锈钢肋板,为确保安装质量,项目部采用在不锈钢肋安装完成后,取一不锈钢肋为基准点,通过绷带木方使相邻不锈钢肋绷直逐根调整并安装拉杆的施工方案,既节约了成本又能保障不锈钢肋误差不超过 3 mm。

该项目总用钢量 2 万 t 以上,其中重型 H 型钢为 5 000 t,原设计采用的是焊接 H 型钢,经过马钢技术人员优化后,全部采用重型热轧 H 型钢,材质为 Q390GJC,不仅强度高、韧性好,而且具有优良的 Z 向性能,此外还具有较低的屈强比,满足了抗震结构用钢要求。

2. 天府国际会议中心

成都天府国际会议中心地处成都市天府新区,是一个集会议、酒店、商业和办公于一体的综合性建筑,是新区公共建筑群中的地标性建筑。整个建筑空间以"世界水准、大国风范、川蜀特色、成都元素"十六字为设计宗旨,结合建筑特点,从功能服务、空间意境、文化内涵、艺术品格、地域文脉等各个方面入手,营造一流品质的会议服务场所。

天府国际会议中心的设计灵感来源于"天府之檐",这是会议中心前厅的木结构檐廊。设计以中国古建筑"佛光寺大殿"的抬梁式木结构为原型,创造了一条长达 430 米、高 32 米、跨度 16 米的木结构空间,成为亚洲最大的单体木结构建筑,同时也是全国最长连续瓦屋面建筑。

天府国际会议中心的设计理念是"还原一副川西林盘传承千年的优美画卷",借鉴了川西林盘的造景手法,将传统川西民居巧妙地融入其中。通过院坝、房舍、菜地、林木、田地等生态艺术元素,展现出川西林盘的独特景观韵味。

天府国际会议中心的前厅木结构檐廊以唐代斗拱形制为蓝本,借鉴了抬梁式木结构、明堂、制式等设计理念和元素,展示了木结构榫卯构件的精湛工艺。主入口的设计灵感来自中国传统园林"雨霁飞虹",呈现出祥和唯美的东方意境。迎宾广场则以中国传统形制为布局基础,铺装样式提取自成都市博物馆馆藏的唐宋时期出土的铺装纹样,轴线两侧辅以伴月三星、金沙光芒、马家风尚图样,展现了川蜀文化的三个重要阶段。

天府国际会议中心不仅是一个功能齐全的会议中心,更是一个融合了东方美学与现代功能的艺术建筑。该建筑通过采取参数化设计与基于 BIM 技术的有限元设计实现最优化结构体系,通过机器人智能制造技术、材料的组胚、胶合、大构架件的智能加工,形成可装配化的超大构件,实现了串通穿斗结构无法实现的跨度(25 m)、长度(29 m)、建筑面积(11 250 m^2),如图 6-25 所示。

图 6-25 天府国际会议中心

6.3.3 桥梁项目

1. 虎跳峡金沙江大桥

虎跳峡金沙江特大桥是香格里拉至丽江高速公路的全线控制性项目,由云南省建设投资控股集团有限公司总承包、中铁大桥局八公司专业分包,工程全长 1 017 米,主梁宽 26 米,跨度 766 米,双向四车道设计,设计行车速度为 80 公里/小时,引桥上部结构为 6 m×41 m 钢混叠合梁,如图 6-26 所示。

图 6-26 虎跳峡金沙江大桥

大桥位于迪庆州哈巴雪山和丽江市玉龙雪山之间,穿越金沙江峡谷,生态环境脆弱,处于高地震烈度地带,大桥两岸地势陡峭,距江面 260 米。

为应对复杂的工程环境,大桥香格里拉岸采用隧道式锚碇,丽江岸采用扩大基础重力式锚碇,主桥共设置 59 节钢桁梁,标准节段长 11.5 米,吊装重量 96.8 吨,总重 5 718 吨。

该桥首创独塔单跨地锚式悬索桥成套技术,是世界上最大跨度独塔单跨地锚式悬索桥。首创世界上最大直径(130 mm)悬索桥高强钢拉杆锚固系统成套技术、滚轴式复合索鞍成套技术、山区大截面矩形抗滑桩旋挖成孔技术,它的建设为国内乃至世界悬索桥施工积累了宝贵的经验。

其主桥加劲梁跨径 671 m,钢桁架标准断面宽 26 m,高 6 m,全桥共分为 59 个节段,钢桁架由主桁架、主横桁架、上下平联组成。标准节间长度 5.75 m,标准节段吊装长度 11.5 m,最大起重量 103 t。

该项目采用 Tekla 软件三维仿真模拟装车,不断调试杆件、节点板打包与装车方法,提高了装车效率;针对电动扳手无法施拧的部位,项目部联系厂家根据现场实际设计制造了转弯扳手搭配数显仪器进行人工施拧;引桥桥面系,创新采用方管及圆管支模体系,相比原满堂脚手架支模体系,该方案切实做到降本增效,使得施工效率得到大幅提升。

该项目技术创新点主要包括:
(1) 首次提出并应用非对称独塔单跨地锚式钢桁梁悬索桥施工成套技术;
(2) 首次提出滚轴式复合索鞍成套技术并应用于大跨度悬索桥;
(3) 首次提出并应用山区大截面矩形抗滑桩旋挖成孔技术;
(4) 首次提出并应用大直径悬索桥高强钢拉杆锚固系统成套技术。

2. 洪塘大桥扩宽改建工程

工程起点为仓山区妙峰路,与洪山桥至洪塘大桥拓宽改建工程一期工程衔接,终点桩号为国宾路,路线全长为 2.2 km。工程拆除现有洪塘大桥,新建桥梁跨越乌龙江,新建桥梁采用双向八车道规模,主桥采用两跨独塔钢箱梁自锚式悬索桥,主跨跨径 150 m,预留远期航道,索塔造型现代、简洁。为保证施工期间交通通畅,洪塘大桥采用了创新性"2-1+1=1"方案,实现利用现状老桥,先两侧新建桥梁,翻交后再拆除中间老桥,最后通过拼接形成成桥断面,如图 6-27 所示。

图 6-27 洪塘大桥扩宽改建工程

引桥段采用钢混组合梁结构及免涂装耐候钢技术,在福州地区大型桥梁上为首次应用;引桥段钢混组合梁采用耐候钢替换传统桥钢材料,降低了后期养护成本,全桥耐候钢吨位达 21 356 t,是国内最大规模的耐候钢应用;引桥桥面板采用钢混组合桥面,是由混凝土现浇层和钢底板通过开孔板形成的叠合构件,具有很好的耐候性。

课堂互动

请同学们学习上面的装配式建筑典型案例,总结并分析其项目特色。

拓 展 训 练

"世界正在进入以信息产业为主导的经济发展时期。我们要把握数字化、网络化、智能化融合发展的契机,以信息化、智能化为杠杆培育新动能。""要推进互联网、大数据、人工智能同实体经济深度融合,做大做强数字经济。"(《习近平谈治国理政》第三卷)

通过查阅文献、与企业交流等形式,充分了解建筑全过程智能建造的施工场景,施工过程,智能机械和设备的使用,选择一个内容进行专题研究,形成PPT报告材料,并在课堂展示汇报。

分组:以小组为单位,建议4~6人为一组。

考核:以企业走访记录(线上或线下)、整理文献资料的深度和广度为评价标准,同时参考展示汇报的成效,教师综合完成考核。

学习单元 7　建筑智能化验收

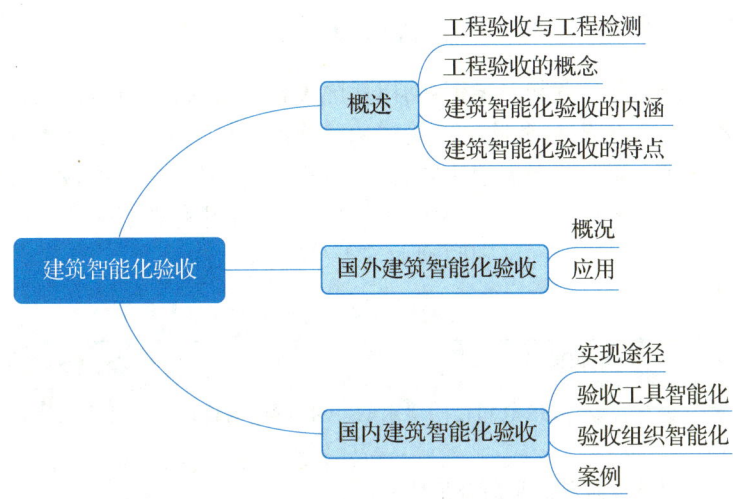

知识目标：

(1) 了解建筑工程验收的概念和内涵；
(2) 了解建筑工程智能化验收的内涵；
(3) 掌握建筑智能化验收的特点；
(4) 掌握目前国内外建筑智能化验收的现状。

能力目标：

(1) 能说出验收和施工之间的逻辑关系；
(2) 能对比传统验收和智能验收，理解智能验收的先进性；
(3) 能分析概括国外目前的建筑智能化验收的现状和趋势；
(4) 能分析概括国内目前的建筑智能化验收的现状和趋势。

素质目标：

(1) 增强相似概念的逻辑分析和比较能力；
(2) 培育创新思维，提升解决问题并进一步拓展的能力；
(3) 培育协调精神和团队精神。

7.1 建筑智能化验收概述

建筑智能化验收也称作建筑工程的智能化验收或建筑工程验收的智能化。首先要明确的是，建筑智能化验收仍然遵循建筑工程验收的基本理论，但对其验收方式和细节等内容进行了智能化的升级和改造。因此本单元首先简要介绍建筑工程验收的基础知识，再进行智能化验收的详细讲解。

7.1.1 工程验收和工程检测的联系与区别

工程验收和工程检测二者联系紧密，均以保障工程质量为核心目标，确保工程安全和使用功能。检测为验收提供依据，验收的结论需依赖检测数据。例如：混凝土强度检测报告是结构验收的关键依据。而且两者流程协同，施工过程中：检测贯穿始终，发现问题及时整改，为最终验收奠定基础。验收阶段：对检测结果进行复核，并补充必要的抽检或现场试验。

现将工程验收和工程检测的区别归纳如下表（见表7-1）。

表7-1 工程验收和工程检测的区别

维度	工程验收	工程检测
定义	对工程是否符合设计、规范和合同要求的最终确认。	对材料、构件、工艺或工程质量的技术检查与测试。
目的	确认工程整体或阶段成果的合规性和可用性。	通过科学手段验证质量是否达到技术标准。
执行主体	由建设方、监理、设计、施工方等组成的验收组，必要时包含政府监督部门。	通常由第三方检测机构、施工单位实验室或监理单位完成。
依据标准	依据合同、设计文件、验收规范（如GB 50300系列）。	依据技术标准（如材料试验标准、结构检测规范）。
结果形式	形成验收报告或记录，明确是否通过验收。	提供检测报告（含数据、结论），作为验收的依据。
法律效力	验收结果是工程交付和结算的法定依据。	检测结果是技术参考，需结合其他流程判断质量。

从上表中不难看出工程验收结果的意义更为广泛性和重要。

7.1.2 建筑工程验收的概念和内涵

结合目前各主要规范的观点，建筑工程验收的概念可以概括为伴随施工各个阶段不断持续累积进行的以质量为核心的施工成果验证，并最终完成竣工验收以及其他必需程序的全部过程。

概念中几点需要说明的地方：

（1）验收和施工的逻辑关系，从宏观上来看，是一种伴随关系，互为依存；但微观上来看，两者并不是同时进行的，每个阶段是先施工，再验收。

（2）建筑工程验收是一个综合性的内容，包括质量、安全、节能、环保、消防、人防等众多方面,其核心的质量验收占据绝大部分比重。但其他方面的验收也不可忽略,必须在有限的时间内合理安排兼顾。

(3) 根据《建筑工程施工质量验收统一标准》(GB 50300—2013)(图 7-1),建筑工程质量验收的主要层次从小到大依次为检验批→分项工程→分部工程(子分部工程)→单位工程(子单位工程)。各个层次组成的划分方案需要在施工前确定并写成验收计划,伴随计划中每个内容施工依次完成各层次的验收,直至最终完成竣工验收。

图 7-1 建筑工程施工质量验收统一标准

(4) 建筑工程的验收要求非常严格,必须按照我国现行的法规和规范的要求,如《建设工程文件归档规范》(GB 50328—2014)(图 7-2),同步完成相应的验收文件作为佐证证据及参考资料,归档整理后作为建筑工程档案(图 7-3)的重要组成部分,最终形成流程闭环。

图 7-2 建筑工程文件归档规范

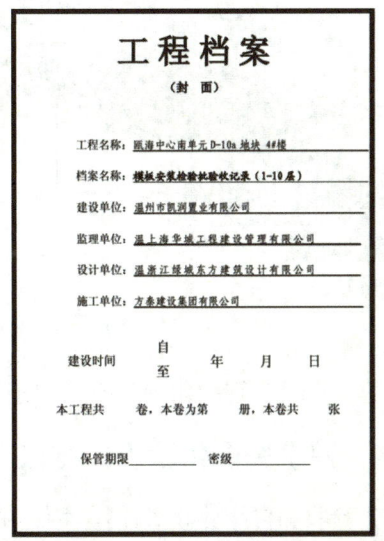

图 7-3 建筑工程档案示例

(5) 根据相关法规规定,建设单位应当自工程竣工验收合格之日起 15 日内,准备好所需各项文件,向工程所在地的县级以上地方人民政府建设主管部门(简称备案机关)备案。

> **课堂互动**
>
> 查阅资料,说说单项工程、单位工程、分部工程、分项工程、检验批各自的划分原则及验收条件。

7.1.3 建筑智能化验收的内涵

建筑智能化验收首先应遵循前面所述的传统建筑工程验收的基本理论。

在此基础上,建筑工程智能化验收的内涵可以概括为:在验收过程中利用各种智能化工具或智能化技术达到充分提高验收的效率、规范性和精准度的目的。

现实当中有一个相似的概念需要明确以免发生混淆,即智能化建筑(图 7-4),根据《智能建筑工程质量验收规范》(GB 50339—2013)等资料,智能化建筑(Intelligent Building)也叫智慧建筑,一般是指通过集成先进的信息技术、自动化控制系统和物联网(IoT)设备等方法和手段,实现对建筑内部环境、能源、安全、通信等系统的智能化管理与优化,从而提高建筑运行效率、用户体验和可持续性的一种现代建筑形态。其建造全过程中,需要遵循相关法规和规范,进行一系列必须进行的特殊验收过程,才可以投入使用。

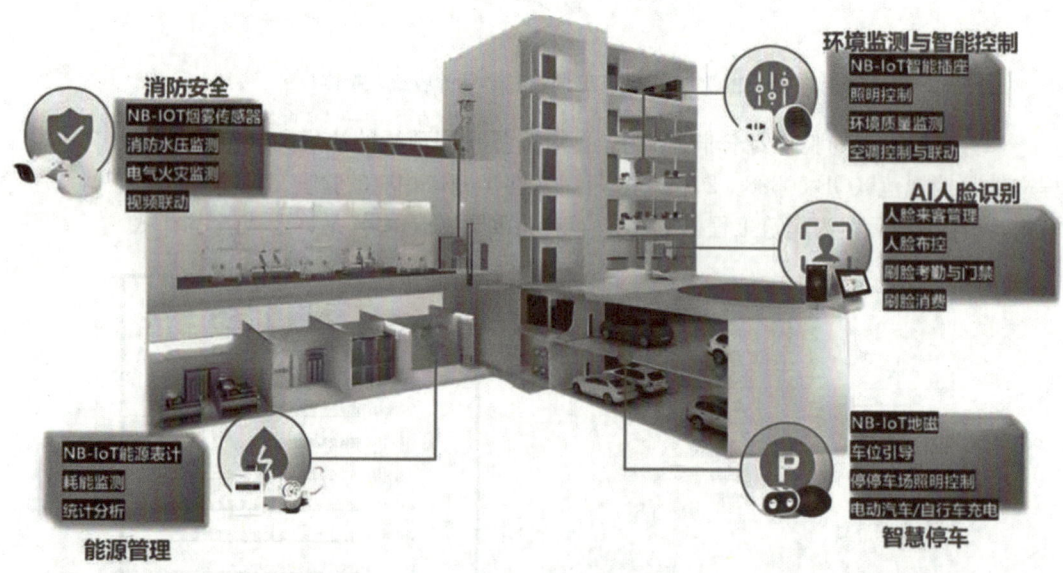

图 7-4 某智能化建筑模型示意

显然建筑(工程)智能化验收不等同于智能化建筑的验收,在学习时应注意区分。

7.1.4 建筑智能化验收的特点

智能化验收和传统验收对比,其特点主要有以下几点:

(1) 智能化验收操作更便捷，效率更高

一直以来，传统验收主要依靠人工操作手段，测量与记录等操作繁琐，验收效率较低。例如：某大型建筑项目中，楼层多、房间多，仅各类构件和门窗尺寸检查的逐个部位测量并手动记录数据就需耗费大量时间（图7-5）。而现在发展出很多智能化的验收工具设备，这些工具设备的大量应用使得操作更加简易便捷，同时可以大大提高验收效率（图7-6）。

图7-5　某传统验收的尺寸量测场景

图7-6　某智能化验收的尺寸量测场景

(2) 智能化验收的覆盖面更广，安全性更高

传统验收在很多特殊空间或者艰苦环境验收时存在盲点，且对验收人员的安全保障和安全意识提出很高的要求，在这种情况下，稍不留意就可能会发生安全事故。而智能化验收可以采用高科技手段（比如无人机AI自主巡检、高精度传感器、自适应变焦摄像头等技术）实现对建筑全方位扫描和实时无死角监控，避免盲点和危险点。例如，某些验收项目采用传统人工登高检查时存在安全风险且效率低下，而智能化验收则可以采用无人机替代人工完成这类高空或危险区域的检测验收任务。

(3) 智能化验收的数据和结论精准度更高

传统验收的数据在准确性上存在较多的弱点和漏洞，因为验收人员仅仅凭借经验与简单工具判断，容易出现误差。比如：① 观感质量验收时，不同验收人员对墙面平整度、色泽均匀度等主观判断存在个性化的差异。② 用普通靠尺检查平整度时，读数也可能因人为操作产生偏差。数据记录易出错。③ 验收时人工记录数据过程中，可能出现书写错误、数据遗漏或误判情况。如记录隐蔽工程数据时，因现场环境复杂、工作强度大，工作人员可能记错关键数据，影响对工程质量的关键性评估。而智能化验收采用各类新型智能化验收工具设备可以有效地克服前面那些缺陷，去除个人主观因素和失误，如实的全面反映真实数据情况。

(4) 智能化验收的成本效益有很大提升

传统验收看似花费少，其实隐性成本高，比如偶尔的错误可能会导致较高的返工或整改费用。而智能化的验收可以根据以往搜集的数据做出预判提前优化资源配置，对通病高发点提前做足准备，减少返工或整改的概率，提升成本效益。

(5) 智能化验收的资料管理更方便且具备可追溯性

传统验收绝大部分都只采用纸质记录资料,较为分散杂乱,有时还易出现资料缺失、填写不规范、签字盖章不全等问题。工程竣工验收后还可能因资料管理不善,长期保存不易导致验收记录丢失。而智能化验收更多采用数字化管理,比如某些新型智能验收采集系统可以自动生成验收资料以及结构化报告,支持云端存储和敏感验收数据的加密备份,还可以实现工程参与各方实时共享,便于后续快速检索和精确追溯。

(6) 智能化验收的长期统计意义和持续分析能力更强

传统验收的验收信息难以及时共享,不同部门和人员获取信息存在时间差,可能导致决策延误。并且传统验收积累大量数据,但未有效利用信息化手段分析,无法挖掘潜在质量问题。例如前面第(5)点所述的某些新型智能验收采集系统,收集工程数据进行长期统计分析,并通过分析总结特定地区、特定类型建筑易出现的质量问题,今后遇到相似情况可以提前采取预防措施。

(7) 智能化验收更加规范与标准化

传统验收流程固定但灵活性不足,难以适应特别复杂工程需求,而智能化验收更能够在动态中合理调整。

7.2 国外建筑智能化验收

7.2.1 国外建筑智能化验收概况

国外建筑工程验收的智能化发展已取得显著进展,比较有代表性的国家主要有美国、德国、英国,以及亚洲的日本和新加坡等。这些国家主要依托政策推动、技术融合及标准化体系的建设,形成了以 BIM(建筑信息模型)、物联网、人工智能等技术为核心的智能验收新模式。

1. 政策与战略支持

(1) 美国:自 2007 年起,美国要求所有重要工程项目使用 BIM 技术,通过数字化手段实现设计、施工和验收的全流程管理。2017 年发布的《美国基础设施重建战略规划》进一步强调建造过程的智能化,里面提到推动验收环节可以通过 BIM 模型进行自动化的合规性检查,减少人工干预。

(2) 德国:2015 年发布的《数字化设计与建造发展路线图》推动 BIM 技术在工程验收中的应用,结合工业 4.0 的智能化生产线,实现建筑构件的全流程追踪和质量数据实时上传,确保验收数据的透明性和可追溯性。

(3) 英国:其《建造 2025》战略提出"工作方式数字化"目标,通过 BIM 技术优化验收流程。例如,装配式建筑的模块化构件在工厂预制时即完成质量检测,施工现场通过三维扫描技术快速验证安装精度,减少传统验收中的重复检查。

(4) 日本:其国家层面的"i-Construction"战略明确要求将三维数据贯穿建造全过程,验收阶段通过无人机和激光扫描技术生成建筑实体的数字化模型,与设计模型自动对比,识别偏差并生成整改报告。

(5) 新加坡：新加坡是全球最早将 BIM 技术在政策上推动应用于建筑全生命周期管理的国家之一，2015 年起要求所有公私建筑项目必须采用 BIM。其智能验收系统覆盖设计审查、施工许可、消防安全等多个环节，通过自动化工具快速比对设计与施工数据，显著提升了验收效率和准确性。

2. 国外建筑智能验收的技术应用与特色创新点

(1) BIM 在智能数字化验收中的应用：发达国家普遍采用 BIM 技术进行验收，例如美国利用 BIM 模型自动检测管线碰撞、结构安全等关键指标；新加坡通过集成 BIM 的审查平台实现多部门协同验收，缩短审批时间。

(2) 物联网与传感器：德国和英国在验收中广泛应用物联网传感器，实时监测建筑能耗、结构健康等参数，确保竣工后的运维数据与验收标准一致。

(3) 人工智能与自动化工具：美国部分项目采用机器人进行墙面平整度、管道密封性等细节检测，提升验收精度；日本通过 AI 算法分析施工日志和影像数据，自动识别潜在质量问题。

3. 标准化与协作模式

(1) 数据标准统一：德国通过制定建筑构件标准化库和统一的数据接口，解决了验收过程中多系统数据集成难题。

(2) 跨部门协同平台：新加坡的"智慧国"计划推动政府、设计方、施工方共享同一数字化平台，验收流程在线化、透明化，减少人为疏漏。

4. 缺点与可能趋势

(1) 缺点：部分国家仍存在数据隐私安全风险（如英国楼宇自动化系统的网络安全问题），以及中小型企业技术应用滞后等问题。

(2) 未来趋势：全球智能验收将向"全自动化"发展，例如结合区块链技术确保验收数据不可篡改，或通过数字孪生技术实现虚拟与实体建筑的同步验证。

5. 总结与借鉴意义

国外建筑工程验收的智能化发展以政策引导和技术驱动为核心，通过 BIM、物联网、AI 等技术实现高效、精准的验收流程。其经验对我国推进智能建造具有重要参考价值，尤其在标准化建设和跨领域协同方面。

7.2.2 国外建筑智能化验收应用

各国在政策和战略推动下，近年来已经在很多具体项目上进行了尝试并取得了一定成果。

1. 美国

(1) 基于 AI 的工程质量验收

① 利用图像识别检测缺陷：SmartVID.io 的 AI 平台被广泛应用于美国建筑工程验收。

该平台通过分析施工现场的照片和视频，能自动识别建筑结构中的缺陷，如墙体裂缝、地面不平整、管道安装偏差等。还能检测施工现场的安全隐患，如工人未佩戴安全帽、安全网设置不当等，帮助施工方及时整改，确保工程质量和施工安全。

② 分析非破坏检测数据：在美国一些大型建筑项目中，会采用 AI 技术分析非破坏检测数据，如超声检测、射线检测等数据，来确定建筑内部结构的完整性和潜在缺陷。比如对某些桥梁项目、大型工业建筑项目的混凝土结构进行检测时，AI 算法可以通过分析检测数据，精确判断内部是否存在空洞、钢筋锈蚀等问题，为验收提供科学依据。

(2) 基于无人机与传感器的监测

① 无人机巡检与测绘：美国的 Firmatek 公司专门从事基于无人机的数据收集工作。在很多建筑工程项目验收中，利用无人机搭载高清摄像头和激光雷达等设备，对其进行空中巡检和测绘。通过 AI 算法处理获取的航拍图像和激光雷达数据，生成高精度的地形模型和建筑三维模型，帮助验收人员全面了解建筑的外观、结构和周边环境，检查建筑的外形尺寸、外立面装修等是否符合设计要求，还能发现一些人工难以察觉的屋顶渗漏、外立面空鼓等问题。

② 传感器实时监测：在项目的建筑结构的关键部位安装各种传感器，如应变传感器、位移传感器、温度传感器等，实时采集建筑结构的受力、变形、温度等数据。以美国的一些大型桥梁和高层建筑项目为例，传感器网络可以将数据传输到云端，利用大数据分析和 AI 算法，实时评估建筑结构的健康状况，在验收时提供准确的结构性能数据，判断是否满足设计和安全标准。

(3) 基于 BIM 与 VR 的虚拟验收

① BIM 模型对比：在美国许多建筑项目中，设计和施工阶段都会建立 BIM 模型。在验收阶段，将实际施工情况与 BIM 模型进行对比，利用相关软件可以快速发现实际施工与模型之间的差异，如构件位置偏差、尺寸不符等问题。例如，在很多医院、学校等复杂建筑项目中，通过 BIM 模型可以清晰地查看各个系统（如给排水、电气、暖通等）的安装情况，确保各系统的布局和连接符合设计要求，提高验收的准确性和效率。

② VR 虚拟验收：一些美国建筑公司会利用 VR 技术进行虚拟验收。验收人员佩戴 VR 设备，即可进入虚拟的建筑场景中，仿佛身临其境般对建筑内部的空间布局、装修效果、设备安装等进行检查。这种方式可以让验收人员更直观地感受建筑的实际效果，发现一些在现实中可能被忽略的细节问题，如室内采光效果、空间舒适度等，同时也方便与设计和施工团队进行沟通和讨论，及时提出改进意见。

(4) 机器人辅助验收

① 自动检测机器人：一些具备检测功能的机器人被应用于美国的建筑工程验收。例如，有专门用于检测管道的机器人，它可以在管道内爬行，通过搭载的摄像头、传感器等设备，检测管道的内部状况，如是否存在裂缝、堵塞、腐蚀等问题。还有用于墙面和地面检测的机器人，能够自动扫描墙面和地面，检测平整度、裂缝等质量问题，并将检测数据实时传输给验收人员。

② 砌砖机器人验收：哈德良 X 砌砖机器人（图 7-7）从澳大利亚引入美国佛罗里达州。在当地的工厂完成现场验收测试后，建造了一些 5 到 10 栋单层住宅作为示范项目，展示了其高效、精准的建筑能力，说明其能在验收过程中其精度和施工质量都达到较高标准。

图 7-7 澳大利亚产哈德良 X 砌砖机器人工作场景

2. 德国

（1）Eskimo 研究项目：验收中基于 AI 的缺陷自动识别与文档记录

德国的 Eskimo 研究项目聚焦于建筑行业中与 AI 相关的数字化障碍。在建筑工程验收方面，安装了 Eskimo 解决方案的智能手机或平板电脑，只需对准建筑缺陷，系统就会自动给出可能的缺陷类型建议。若建议被确认，系统会自动处理后续步骤，如利用头盔摄像头系统将缺陷自动映射到 3D 模型中，实现自动分类视觉缺陷（如污渍、裂缝、划痕）、在平面图和 3D 模型中自动标注缺陷、自动针对缺陷给出分包商建议、自动记录并将 360°图像映射到模型用于文档记录等功能，大大加快了现场检查和验收流程，提升了工作效率和质量。

（2）鹰眼智慧施工监管平台：基于 BIM 与数字孪生技术的实模对比验收

一些德国建筑项目采用类似国内的贾维斯鹰眼（图 7-8）的智慧监管平台，运用 BIM＋数字孪生技术。平台融合轻量化 BIM 模型与现场全景照片，通过分屏对比功能能精准识别施工差异，确保实际施工与模型一致。项目管理者还可通过平台的在线巡检功能，利用电脑或移动设备随时随地查看施工最新进度，把握施工细节，实现了远程验收交付的直观高效与安全可靠，为高质量工程交付提供了有力保障。

图 7-8 贾维斯鹰眼智慧监管平台

(3) 搭载传感器的验收智能机器人的应用

在德国的一些建筑工程验收中,会使用建筑验收智能机器人(图7-9)。这些机器人搭载激光扫描、超声波等传感器,可实现对混凝土质量、钢筋位置、管道安装等的检查。比如在慕尼黑某项目中利用激光雷达扫描结合超声波检测,构建建筑物内部结构的三维模型以提高检测精度;通过红外成像技术检测建筑物表面温度,发现潜在缺陷。机器人将实时数据传输至云端平台,进行数据分析和质量评估,还能自动识别并标记出建筑施工中存在的质量问题,生成详细的验收报告,帮助施工人员及时发现并解决问题。

图7-9 德国验收智能机器人

(4) 基于物联网的建筑构件监测与识别验收

在德国近几年的很多建筑工程中,会将物联网传感器合理布置于建筑的不同部位,实时采集结构性能、材料特性等相关数据。通过大数据技术和人工智能算法对这些数据进行分析,可准确识别建筑构件的质量状态和潜在问题。例如在柏林某大型建筑项目中,对关键结构构件安装传感器,实时监测其受力情况、振动情况等,在验收时通过对长期监测数据的分析,评估结构的安全性和稳定性,确保建筑符合验收标准。

3. 英国

(1) Buildots图像识别系统助力验收

英国初创公司Buildots是一家新兴智能建造领域的供应商,其开发的图像识别系统已经逐步被英国建筑巨头韦茨公司等采用,取得了良好的效果。

① 管理人员佩戴安装有GoPro摄像头的安全帽(图7-10),安装在安全帽上的摄像头允许验收人员在建筑中行走时自动收集工作现场数据(图7-11)。摄像头捕捉整个项目的视频,包含了比如电线、墙、管道等每一个细节,并上传给图像识别软件。

② 收集到的数据由人工智能和计算机视觉处理,然后用软件将施工现场物体的状态与它们的数字对应物做比较,其中人工智能算法还能以厘米级精度追踪摄像头位置,识别每一

学习单元 7　建筑智能化验收

图 7-10　安装有 GoPro 摄像头的安全帽

图 7-11　验收人员在建筑中行走时自动收集工作现场数据

帧图像中物体的确切位置,每周可多次追踪大约 15 万个物体的状态,最终创建一个工作现场的数字孪生。其能够使得验收人员及时发现各种微小的细节,错误的或者遗漏的内容,比如一个电源插座安装的遗漏或者一个窗户的错误安装,管道工作的位置错误或现场的任何其他验收问题。

③ 最终可以不断地在验收中判断现场各类物体所处施工状态,帮助摆脱重复性任务,让管理人员可以节约精力专注于重要决策。该公司统计过,如果按照以前的模式,每一个验收人员都必须到自己负责的单位去检查验收施工方每周完成的工作,那将会花费很多时间。因为之前这项工作是由验收人员通过目视检查以及在各类 Excel 电子表格和纸质笔记本上记录笔记和细节来完成的。然后后续这些笔记必须手动输入其他记录程序和笔记中。而对比现在,有了 Buildots 平台的人工智能技术,只需要派一个带着摄像头安全帽的人去检查每一个单

元。摄像头将收集所有信息,并更新到直观地显示界面展示100%准确的工作画面,大大节约验收的时间。且可在特殊情况下实现远程关注施工进展,照常进行建筑工程验收。

(2) 数字化隧道资产保障信息系统与机器人搭配验收

英国开发的数字化隧道资产保障信息系统(Data-IS)与自动化隧道机器人安装系统(ATRIS)相配合。ATRIS机器人进行隧道机电安装,安装过程中机器人及隧道中的传感器会将实时数据和信息记录下来,传送到Data-IS系统。Data-IS系统自动根据这些数据分析安装情况,确认安装是否正确完成,同时信息上传到数字孪生系统,转化为便于人类检查验收的可视化信息,提供实时虚拟现场画面,实现了从施工到验收的全程自动化。

4. 日本

(1) 基于BIM技术的验收

① 司法省监狱设施项目:近几年日本司法省在监狱及其他设施项目中采用了BIM技术。通过BIM模型,能对设施的整体布局、内部构造以及各种设备的安装位置等进行精确设计和模拟。在验收时,利用BIM模型与实际建成的设施进行对比,可快速发现诸如墙体厚度、门窗位置、管道线路等是否与设计相符,确保建筑的功能和安全性符合要求,同时也方便控制囚犯与外部区域的通信和可视性,预防事故发生。

② 须贺川市政厅项目:在福岛县的须贺川市政厅建设中,BIM技术被用于保证建筑设计的高精度和一致性。项目团队利用BIM模型进行施工过程管理,在验收阶段,基于BIM模型对建筑的外观、内部空间、装修细节等进行全面检查,确保施工质量与设计方案高度吻合,并且方便与公众共享设计内容,收集反馈意见。

(2) 基于传感器与物联网的验收

① 大成建设气压沉箱料斗内渣土方量测量和可视化技术:在东京都北区的"王子给水站配水池建设工程"中,大成建设通过在料斗上部设置高精度的激光传感器(图7-12),可在验收时瞬间测量内部的渣土顶端高度,相对于容量50立方米的测量误差为±1立方米。能够持续对多个渣土料斗进行测量,并在平板电脑等终端设备上实时显示进行统一管理,有助于验收人员验收并确认渣土运输是否按计划完成,以及沉井内部土体开挖是否符合进度和规范要求。

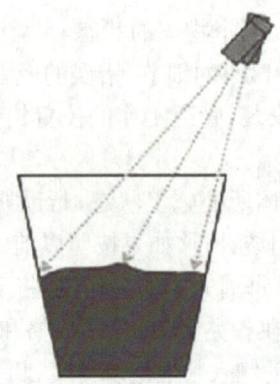

图7-12 料斗上部的激光传感器

② 大林组盾构机土舱内渣土性状测量系统：日本大林组等多家公司联合研发的用于土压平衡盾构的土舱内渣土性状测量系统，可在盾构掘进时实时掌握渣土状况，连续测量湿密度和含水率，根据结果计算出渣土的干密度。该系统在盾构机的隔板上设置了紧凑的集中单元化测量设备，适用于各种直径的土压平衡盾构。在验收盾构施工质量时，可根据渣土性状数据判断盾构施工是否正常，以及排土量管理是否合理。

(3) 基于 AR 技术的验收

日本清水建设和菱友系统共同开发的"清水 AR 盾构"系统。在福冈县内在建的盾构隧道施工现场中，通过将盾构机模型图像投影到平板电脑的摄像头画面上，能以厘米级误差定位盾构机，反映出当前的准确位置信息。操作人员移动时，可通过自身位置推定技术修正平板电脑的位置，盾构机掘进时，位置信息也会随时更新，AR 屏幕上的模型图像也会随之移动。在验收时，工作人员可以通过该系统清晰地了解盾构机的掘进位置和进度，判断是否与设计路线一致，以及是否达到验收标准。

5. 新加坡

2024 年 11 月 4 日，新加坡八珊顿道混合用途大楼改建项目（图 7-13）远程验收技术正式投入应用。远程验收技术是一项利用远程视频监控、AR 技术、BIM＋数字孪生等多种技术手段，实现对建筑工程项目远程验收的先进技术。它通过实时采集和传输施工现场的图像、数据等信息，使验收人员能够远程获取项目的三维视图、实时数据以及交互指导，实现对项目质量的全面、准确评估。与传统技术相比，远程验收技术可以有效提高验收效率，优化劳动力结构，实现结构注册工程师（Qualified Person, QP）实时指导项目，进而优化新加坡传统旁站制度，同时为建筑业数据库搭建提供数据支撑，提升新加坡建筑业数智化水平。

图 7-13 新加坡八珊顿道混合用途大楼改建项目

作为新加坡首批应用远程验收示范项目,该技术的应用得到新加坡多个部门和机构的高度评价。新加坡建设局建筑和结构调查部总监表示,该技术可操作性强且具有很高的推广价值。后续,八珊顿道项目将继续实施好远程验收技术,同时引进建筑机器人等智能化设备,做优项目数智化建设,助力中国港湾整体项目数智化水平提升,在新加坡建筑市场打造优秀的品牌形象。

7.3 国内建筑智能化验收

国内建筑工程验收的智能化发展和国外保持同步,共享科技进步的成果的同时在很多验收细节上也是比较类似的。下面,就国内目前对建筑智能化验收的一些基本情况做简要介绍。

7.3.1 实现建筑智能化验收的途径

目前国内实现智能化验收的途径主要有以下几个基本切入点:

(1) 在验收全过程中推广采用智能化的验收检测设备和工具,使得验收成果和数据更加迅捷精准。概括为第一个基本点——"验收工具智能化"。

(2) 在验收全过程组织中,采用多种智能手段,实现验收组织流程的智能化。概括为第二个基本点——"验收组织智能化"。

(3) 除了以上两个基本切入点之外,目前一些其他途径作为有益的补充,比如:运用数据分析和人工智能算法来检验并强化验收结果,运用 BIM 技术来强化很多验收细节等。随着科技的发展,还会有更多新型智能化途径运用到验收中来。

7.3.2 建筑工程验收工具智能化

在各类验收规范中,其验收主控项目和一般项目需要用到大量的验收检测设备和工具,规范中的很多传统工具正在不断被智能化的验收工具替换。目前,比较典型的有智能测距仪、智能靠尺、智能卷尺等。

1. 智能测距仪

近几年,智能测距仪(图 7-14)推广取得极大进展,在建筑工程尤其是住宅工程竣工验收中已经基本彻底取代传统工具普通卷尺(图 7-15),来进行很多尺寸数据的验收。

(1) 智能测距仪的特点

① 高精度测量:采用激光、红外等先进测距技术,能够精确测量距离,一般精度可达到毫米级别,在一些专业领域的高精度测距仪甚至可以达到更高的精度,满足各种工程测量和精密检测的需求。

② 多功能集成:除了基本的测距功能外,还集成了多种其他功能。例如,具备角度测量功能,可同时获取距离和角度数据,便于进行空间定位和计算;有的还具有面积、体积计算功能,通过输入简单的参数,就能快速计算出被测物体的面积或体积。

图 7‑14　某品牌智能测距仪　　　图 7‑15　传统卷尺

③ 操作简便：配备了直观的显示屏和简洁的操作界面，通常只需几个简单的按键操作就能完成测量。一些智能测距仪还支持触摸屏操作，用户可以直接在屏幕上进行各种设置和操作，即使是没有专业测量知识的人员也能快速上手。

④ 数据处理与传输：具有强大的数据处理能力，能够实时对测量数据进行分析和处理，如自动计算平均值、最大值、最小值等。同时，支持多种数据传输方式，如蓝牙、Wi-Fi等，可方便地将测量数据传输到手机、平板电脑或计算机等设备上，便于后续的数据管理和分析。

⑤ 小巧便携：采用紧凑的设计，体积小、重量轻，便于携带和操作。无论是在室内还是户外，都可以轻松地将其放入工具包或口袋中，随时随地进行测量工作，提高了工作效率。

⑥ 智能辅助功能：部分智能测距仪具备智能辅助功能，如水平仪功能，通过内置的电子水平传感器，帮助用户快速判断测量是否处于水平状态，确保测量的准确性；还有的具有目标追踪功能，能够自动锁定目标并持续测量距离，在测量移动目标或复杂环境中的目标时非常实用。

(2) 智能测距仪的使用方法

① 准备工作

a 检查电量：确保测距仪电量充足，若电量不足，及时更换电池或进行充电，以避免在测量过程中因电量问题导致测量中断。

b 清洁镜头：使用干净、柔软的布轻轻擦拭测距仪的发射和接收镜头，去除表面的灰尘、污渍等，以免影响测量精度。

② 开机与初始化

a 开机：按下电源键，启动测距仪。等待设备完成自检和初始化过程，此时显示屏会显示出初始界面。

b 设置单位：根据需要，在菜单中选择合适的测量单位，如米、英尺等。

c 瞄准目标：通过目镜或显示屏瞄准要测量距离的目标物体，确保目标清晰可见，并使测距仪的轴线与目标物体保持垂直,以获得准确的测量结果。对于具有自动对焦功能的测距仪,设备会自动调整焦距;对于手动对焦的测距仪,需要用户手动旋转对焦环进行对焦。

d 触发测量:瞄准目标后,按下测量键,测距仪会发射出激光或红外信号,并接收从目标物体反射回来的信号,通过计算信号往返的时间来确定距离,并在显示屏上显示出测量结果。

③ 使用其他功能

a 角度测量:如果需要测量角度,将测距仪对准目标的两个点,分别按下相应的角度测量键,即可得到两点之间的夹角。

b 面积和体积计算:对于具有面积和体积计算功能的测距仪,在测量出相关的边长或距离后,按照设备的操作提示,输入相应的数据,即可计算出物体的面积或体积。

④ 数据记录与传输

a 记录数据:测量完成后,可使用测距仪的存储功能,将测量数据保存到设备的内存中。有些测距仪还支持为每个测量数据添加注释或标签,方便后续查找和管理。

b 传输数据:打开测距仪的蓝牙或 Wi-Fi 功能,与手机、平板电脑或计算机等设备进行配对和连接,将测量数据传输到目标设备上,以便进行进一步的数据处理和分析。

⑤ 关机与存放

a 关机:测量工作完成后,按下电源键关闭测距仪。

b 存放:将测距仪放入专用的保护盒中,存放在干燥、阴凉、通风的地方,避免受潮、受热和受到碰撞。

2. 智能靠尺

智能靠尺(图 7-16)是一种结合了现代智能技术的测量工具,相比传统靠尺(图 7-17),在功能和使用体验上有诸多提升,以下介绍其特点和使用方法。

图 7-16 某品牌智能靠尺

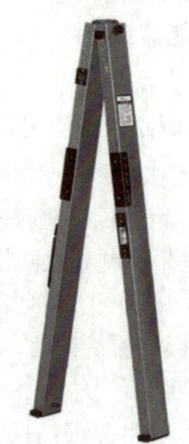

图 7-17 传统靠尺

(1) 智能靠尺的特点

① 测量精度高：采用先进的传感器技术，如激光测距传感器、高精度倾角传感器等，能够提供比传统靠尺更精确的测量数据。例如，一些智能靠尺的长度测量精度可以达到±1毫米，角度测量精度可达±0.1°。

② 多功能集成：除了基本的直线度、垂直度测量外，还集成了多种测量功能，如水平测量、角度测量、面积测量、体积测量等。有些智能靠尺甚至具备数据记录、存储和分析功能，方便用户进行数据管理和后续处理。

③ 数据数字化：可以将测量数据直接以数字形式显示，避免了传统靠尺读数时的人为误差。同时，测量数据可以通过蓝牙、Wi-Fi等无线通信技术传输到手机、平板电脑或电脑等设备上，便于数据的保存、编辑和共享。

④ 操作简便：智能靠尺的操作界面通常设计得简洁直观，用户只需通过简单的按键或触摸操作即可完成各种测量任务。对于一些复杂的测量功能，还配备了详细的操作指南和提示信息，帮助用户快速上手。

⑤ 智能化辅助功能：部分智能靠尺具备智能辅助功能，如自动计算、数据对比、偏差报警等。例如，在进行墙面平整度测量时，智能靠尺可以自动计算出墙面的平整度偏差值，并与设定的标准值进行对比，当偏差超过允许范围时，会发出报警提示。

(2) 智能靠尺的使用方法

① 准备工作：使用前，确保智能靠尺电量充足，并将其与手机或其他智能设备通过蓝牙或Wi-Fi连接成功。打开相应的测量应用程序，进入测量界面。

② 直线度和垂直度测量：将智能靠尺的一侧紧贴被测物体的表面，确保靠尺与被测物体紧密贴合。在测量应用程序中选择直线度或垂直度测量功能，读取并记录测量数据。

③ 水平测量：将智能靠尺放置在被测物体的表面，确保靠尺处于水平状态。在测量应用程序中选择水平测量功能，应用程序会自动显示水平偏差值。如果水平偏差值超出允许范围，可以通过调整被测物体的位置来使其达到水平状态。

④ 角度测量：将智能靠尺的两个测量面分别与被测物体的两个表面贴合，确保靠尺与被测物体紧密接触。在测量应用程序中选择角度测量功能，读取并记录测量角度值。

⑤ 数据记录和分析：在完成各项测量任务后，可以在测量应用程序中对测量数据进行记录、存储和分析。可以查看历史测量数据，生成测量报告，进行数据对比和统计分析等操作，以便更好地了解被测物体的实际情况。

不同品牌和型号的智能靠尺在具体功能和使用方法上可能会有所差异，在使用前应仔细阅读产品说明书，按照说明书的要求进行操作。

拓展学习

AI应用：
工地验收钢筋

课 堂 互 动

除了上面介绍的智能测距仪、智能靠尺、智能卷尺之外，你还知道哪些先进的智能验收工具？

7.3.3 建筑工程验收组织智能化

验收的组织决定了验收的效率、流畅性以及准确性。目前,我国在验收组织流程的智能化探索中,主要有以下几种策略。

1. 采用标准化智能验收模板

这种策略可以根据建筑类型、功能要求等制定标准化的验收电子表格模板,明确验收标准、检查项目和验收方法,随着验收的进行,直接导入相应的内容填写,可以加快验收流程,提高验收效率。

(1) 主要特点

① 规范验收流程:为验收工作提供统一的标准和流程,确保验收人员按照既定的步骤和要求进行检查和评估,避免遗漏重要项目或出现验收标准不一致的情况。

② 保证数据准确性和一致性:明确规定了需要填写的各项数据和信息,使验收数据的记录更加准确、完整,便于不同人员之间进行数据交流和对比分析。

③ 提高工作效率:电子表格模板可以预先设置好格式、计算公式等,减少了验收人员手动绘制表格和计算数据的工作量,提高了验收工作的效率和质量。

④ 便于存档和查阅:以电子文档的形式保存,方便进行存档和管理,便于后续查询、追溯和统计分析,为工程的质量跟踪和维护提供了重要依据。

⑤ 自动化数据处理:利用 AI 和大数据技术,可以对收集到的验收数据进行自动处理和分析,生成验收报告和问题清单。

(2) 电子表格模板内容构成

① 工程基本信息:包括工程名称、项目地点、建设单位、施工单位、监理单位、工程规模、结构类型等,用于明确验收工程的具体情况。

② 验收项目及标准:详细列出需要验收的各个项目,如建筑结构、装饰装修、电气安装、给排水等,同时对应每个项目给出具体的验收标准和规范要求。

③ 检查记录:预留空白单元格或区域,供验收人员填写实际检查情况,如实测数据、观察结果、是否符合要求等。

④ 验收结论:根据检查记录,对每个验收项目以及整个工程给出明确的验收结论,如合格、不合格、整改后复查等。

⑤ 相关人员签字栏:设置建设单位、施工单位、监理单位等相关人员的签字栏,以确认验收结果的真实性和有效性。

(3) 应用方式

① 填写与录入:验收人员在现场根据实际检查情况,将相关数据和信息填写到电子表格模板的相应单元格中。

② 数据计算与分析:利用电子表格的函数和公式功能,自动计算一些需要汇总或统计的数据,如平均值、合格率等,并对数据进行分析和判断。

③ 打印与签字:在验收完成后,将电子表格打印出来,由相关人员签字确认,作为验收文件的一部分进行存档。

④ 数据共享与传递：通过电子邮件、局域网共享等方式，将电子表格模板发送给相关单位和人员，实现验收数据的共享和传递，方便各方进行沟通和协调。

⑤ 在线审批与反馈：有时候因为特殊情况可以采用工程验收的在线审批与反馈。由于涉及众多重要信息，对其进行加密十分必要，可从数据传输、存储、访问权限等多个方面利用最新智能化方式采取加密措施。比如，用户在提交验收报告审批时，数据在从用户设备传输到服务器的过程中，就通过 SSL/TLS 协议进行加密，防止数据在传输途中被窃取或篡改。

2. 采用智能方式进行自动化验收

(1) 数据自动采集

① 传感器网络布置：在建筑工程的关键部位和结构构件上安装各类传感器，如压力传感器、位移传感器、温度传感器、湿度传感器等。这些传感器可以实时监测建筑结构的受力情况、变形情况以及环境参数等。例如，在高层建筑的基础和柱梁等部位安装压力传感器，实时监测基础沉降和结构受力情况。

② 图像和视频采集：利用无人机、固定摄像头等设备对建筑工程的外观、内部结构和施工进度进行全方位、多角度的图像和视频采集。无人机可以定期对建筑工程的整体外观进行拍摄，获取高分辨率的图像；固定摄像头则可以安装在施工现场的关键位置，实时记录施工过程。

③ 文档数据集成：通过电子文档管理系统，自动收集和整理与建筑工程相关的各类文档，如施工图纸、设计变更文件、材料检验报告、施工记录等。这些文档数据可以与其他采集到的数据进行关联和整合。

(2) 数据传输与存储

① 无线通信技术：采用 4G、5G、Wi-Fi 等无线通信技术，将传感器采集到的数据和图像、视频等信息实时传输到数据中心或云端服务器。无线通信技术具有传输速度快、灵活性高的特点，能够满足大量数据的实时传输需求。

② 数据存储与管理：在数据中心或云端服务器上建立专门的数据库，对采集到的各种数据进行分类存储和管理。数据库可以采用关系型数据库或非关系型数据库，根据数据的特点和需求进行选择。同时，建立数据备份和恢复机制，确保数据的安全性和可靠性。

(3) 自动化数据分析

① 智能算法应用：运用机器学习、深度学习等智能算法对采集到的数据进行分析和处理。例如，通过图像识别算法对建筑结构的外观进行检测，识别是否存在裂缝、变形等质量问题；利用数据分析算法对传感器采集到的数据进行分析，判断建筑结构的安全性和稳定性。

② 标准规范对比：将分析得到的数据与建筑工程相关的标准规范进行对比，如建筑设计规范、施工质量验收规范等。通过对比，自动判断建筑工程是否符合相关标准和要求，并生成相应的分析报告。

(4) 自动判定与预警

① **结果判定**：根据数据分析和标准规范对比的结果，自动化验收系统自动对建筑工程的各个部分进行验收判定，得出合格、不合格或需要进一步检测的结论。对于不合格的部分，系统会明确指出问题所在和不符合的标准条款。

② **预警机制**：当检测到的数据异常或存在潜在的质量安全问题时，系统自动发出预警信号。预警信号可以通过短信、邮件、系统通知等方式发送给相关的管理人员和施工人员，以便及时采取措施进行处理。

(5) 验收报告生成

① **报告自动生成**：根据数据采集、分析和判定的结果，自动化验收系统自动生成详细的验收报告。验收报告应包括工程基本信息、验收项目、检测数据、分析结论、验收意见等内容，报告格式应符合相关标准和要求。

② **报告审核与确认**：生成的验收报告可以自动发送给相关的验收人员进行审核和确认。验收人员可以在系统中查看验收报告，并进行批注和修改。审核通过后，验收报告将作为建筑工程验收的正式文件进行存档。

(6) 后续跟踪与管理

① **问题整改跟踪**：对于验收过程中发现的问题，系统可以自动生成整改任务，并分配给相关的责任单位和人员。同时，对整改过程进行跟踪和监督，确保问题得到及时有效的解决。

② **长期性能监测**：在建筑工程投入使用后，自动化验收系统可以继续对建筑结构的性能进行长期监测。通过对监测数据的分析和评估，及时发现潜在的安全隐患，并采取相应的措施进行处理，保障建筑工程的长期安全和稳定运行。

3. 智能化培训与指导

(1) **智能培训系统**：利用虚拟现实（VR）、增强现实（AR）等技术，为验收人员提供沉浸式的培训体验，提高验收技能和水平，使得验收组织更加顺畅。

(2) **智能指导系统**：在验收过程中，通过智能指导系统为验收人员提供实时的指导和建议，确保验收工作的准确性和规范性。

4. 信息化档案管理

(1) **电子档案管理**：建立电子化的建筑工程档案管理系统，将验收过程中的各类文件、图纸、照片等资料进行数字化存储和管理。最后打印纸质版资料用来备案和存档的时候，减少打印时间，节约办公成本。

(2) **可追溯性管理**：通过为每个工程建立唯一的标识码或二维码，实现验收过程的可追溯性管理，便于后续维护和整改。

拓展学习

广联达智能物料验收现场

7.3.4 国内建筑智能化验收案例

案例一

中铁四局庐江项目率先通过合肥市智能建造项目验收

近日,中铁四局庐江化工园人才公寓一期(图7-18)EPC项目部通过合肥市城乡建设局组织的"2024年智能建造试点工程项目实施阶段专家验收",成为合肥市47个智能制造试点工程项目中首个完成实施阶段验收的项目。

该项目总建筑面积约4.6万平方米,作为庐江县首个采用"装配式框架+剪力墙结构"的高层建筑,其施工过程中充分体现了智能化与科技化的融合。项目部秉持"提升新质生产力,打造智慧工地"的先进理念,创新性地将计算机技术与物联网技术深度结合,构建了覆盖整个施工现场的"视频管控系统"。通过这一系统,项目部能够从值班室实时获取作业人员、机械设备以及施工物资的精确位置、时间和移动轨迹等重要信息,从而及时发现并处理异常行为,显著提升应急响应和事件处置的效率。

为了确保大件原材料、关键预埋件等重要物资的验收全过程管理,项目部还引入了"二维码追溯系统",详细记录这些物资在施工中的各项关键信息,如交接人员、转移路径及使用部位等,并通过与"建筑信息模型(BIM)系统"的整合,构建了一个全面的"施工全过程综合监控管理平台"。这一创新举措不仅大幅提升了管理效率,也为合肥市建筑市场树立了"中铁四局智慧建造"的标杆。值得一提的是,该平台已于去年7月成功通过了合肥市城乡建设局专家组的初步验收。

目前,该项目所有楼栋均已完成封顶工作,并已顺利进入装饰装修和机电安装阶段。项目部凭借出色的管理和创新实践,先后荣获了安徽省"建筑安全生产标准化示范工地"、合肥市"优质结构工程奖"以及庐江化工园的"安全生产示范工地"等多项荣誉。

图7-18 中铁四局庐江化工园人才公寓项目

(来源:环球网 2024-04-19)

案例二

"智慧物料+验收变革",开启物资管理新模式

在土建工程中,材料费占施工成本55%~65%。随着施工企业精益建造理论的推广,传统物资管理手段已难以满足高品质、快节奏的施工要求。如何提升物资管理效能,为基层材料员减负松绑,成为企业工程项目部重点研究的课题。中建三局作为集团化经营的建筑安装骨干企业,引进中物智建"无人值守智能地磅",开启物资管理新模式,实现企业"数字提效、智慧减负"的高质量数字化发展之路。

为实现物资管理智慧化、数字化发展,中建三局决定将物资管理体系与云筑系统融合,实现"智慧物料+验收变革",开启物资管理新模式,具体过程包括项目试点、优化提升、全局推广三个步骤,并最终实现扩展性的智慧应用。

(1)项目试点

一是广泛查找,选择类似中物智建(武汉)科技有限公司等十多家建筑行业资深企业进行深度合作;二是公司物资部配合合作企业调研分析,总结公司层、项目层在物资管理方面遇到的问题并分析原因、解决问题;三是最初以"万科万维"单个项目为单位进行物料验收的试点应用(图7-19)。

图7-19 "万科万维"项目智能物料验收

(2)优化提升

最终对中物智建研发的无人值守智能地磅(一体式智能地磅)应用项目(图7-20)进行盘点分析,了解项目落实系统应用情况及效果,发现项目车牌识别率和匹配率较高,实现与云筑系统的真正协同,且在提效减负方面取得显著成效,解决了现场称重收发料环节管理问题,赋能企业物资管理智慧化、数字化、精细化。

万科万维项目形成一套无人值守智能地磅实施标准,对类似工程项目实施起到了很好的示范作用。为进一步满足多种场地应用需求,在鄂旅投项目上,中物智建优化了整套智能化解决方案,满足较窄项目场地使用,拓宽视频监控范围,车牌识别率几近100%,且在暴雨雪环境下系统正常收发料;川大项目称重场地畸形,车辆无法正常上下磅,经多次方案调整,采用长边光栅,实现车辆从地磅侧面斜着完成上下磅,解决项目无法称重问题。

(3) 全局推广

为了让每个项目都能有效利用智能物料验收系统实现节本增效,实现物资管理验收智慧化,中建三局通过一系列激励活动和制度落地,进一步推动智能物料验收系统的应用。公司组织多场项目观摩会,并发布《加快智能地磅推广应用的通知》文件,屡次提出在中建三局全局范围内推广无人值守智能地磅,保障实现公司物资智慧化管理。2020年11月,10支三局精英代表队齐聚武汉万科万维项目现场,展开了一场物资管理大比拼,同步开展云直播,数千人观摩。

无人值守智能地磅助力一公司获得本次竞赛物资管理竞赛创新管理奖,中南公司获物资管理竞赛先进集体,万科万维天地项目获物资管理竞赛一等奖。

图 7-20 无人值守智能地磅

(4) 扩展性的智慧应用

作为局首家成功应用一体式智能地磅的项目,结合钢筋、砼合同计量模式变革,将智能地磅的价值深度释放。

① 智能地磅物联网管理软件。为物资管理人员提供便捷的数据服务,实现随时随地管理地磅设备、即时接收防作弊报警信息并快速查看与处理作弊事件,大幅度提升项目物资管理人员对地磅设备与防作弊的管理能力。

② 智数钢筋手机拍照1秒AI识别钢筋点数,不受钢筋生锈、杂乱、凹凸不齐、光照等影响,有效识别不同规格的钢筋;整合无人值守智能地磅物料验收,实现物料验收智能化、数字化。

中建三局大部分项目已通过逐步推进智能物料验收系统的应用,有效堵塞了物资进出厂验收环节的管理漏洞,提升项目部物资管理水平,帮助项目从"料"入手实现"数字提效、智慧减负"。

(来源:中建三局)

案例三

广西北海：工程建设项目"一站式"联合验收全程电子化

如今，在广西壮族自治区北海市，工程建设项目验收只需要向一个窗口递交一次材料、接受一次联合勘验，全部问题一次性整改，就可以拿到验收备案书。记者近日从北海市住房城乡建设局获悉，北海市"一站式"竣工联合验收系统已于近期启用，并成功办结第一个受理的件，实现了联合验收全过程电子化审批（图7-21）。

图7-21 北海市某项目采用"一站式"竣工联合验收系统

过去，竣工验收向来是企业"头疼"的环节，多部门提交材料、多部门勘验，验收环节多、时间长。去年年底，北海市开始推行工程建设项目竣工验收"一站式"改革，由住房城乡建设部门牵头，整合了涉及八个部门的13个验收事项流程，将工程建设项目竣工验收压缩至1个环节，综合窗口统一受理、统一出件，各部门现场同步勘验，一次性出具验收意见，工程项目一次性整改到位，一次性通过多项验收事项。

据北海市住房城乡建设局有关负责人介绍，联合验收合格后，企业不再需要申请办理建设工程竣工验收备案，住房城乡建设部门直接核发《联合验收意见书》，不动产登记部门凭《联合验收意见书》办理不动产登记业务。工程项目竣工验收办理时限压缩至6个工作日。今年竣工验收并联审批办理项目99个，联合验收率100%。

据了解，工程项目"一站式"竣工联合验收平台，与智慧工地、工程项目审批管理、消防验收备案、房地产交易等10个数据平台实现对接，打通了前端项目监管、项目前期审批、各专项验收办理以及后端房地产交易、办证全链条数据的衔接，推动各系统数据跨部门共享应用，优化政务信息资源共享，杜绝重复提交材料。通过信息共享以及结果信息互认，申报材料减免85%以上。

北海市依托工程项目"一站式"竣工联合验收专用平台，实行一网通办，以信息化手段促进各部门业务高度协同，推动联合验收实现全程电子化审批；开发移动终端APP，记录并反馈现场验收情况和整改情况，填补了过去现场验收无线上记录的空缺，实现"掌上办、即时办、现场办"。

同时，平台还运用电子印章和数字签名技术实现线上出具结果文件，线上直接下载，通过二维码核验文件真实性，真正实现"零跑腿"。实现全流程监管，实时追踪和提醒办事进度，项目验收结果即时公示公告，提供服务评价、投诉渠道，构建更高效、公开、透明的审批环境。

（来源：中国建设新闻网 2023-09-04）

单元综合考核

1. 建筑智能化验收是否等同于智能化建筑的验收？为什么？
2. 建筑智能化验收和传统验收相比，有哪些特点？
3. 自行搜索资料分析，建筑智能化验收在将来会有哪些可能性的发展趋势？

学习单元 8 智慧工地现场管理

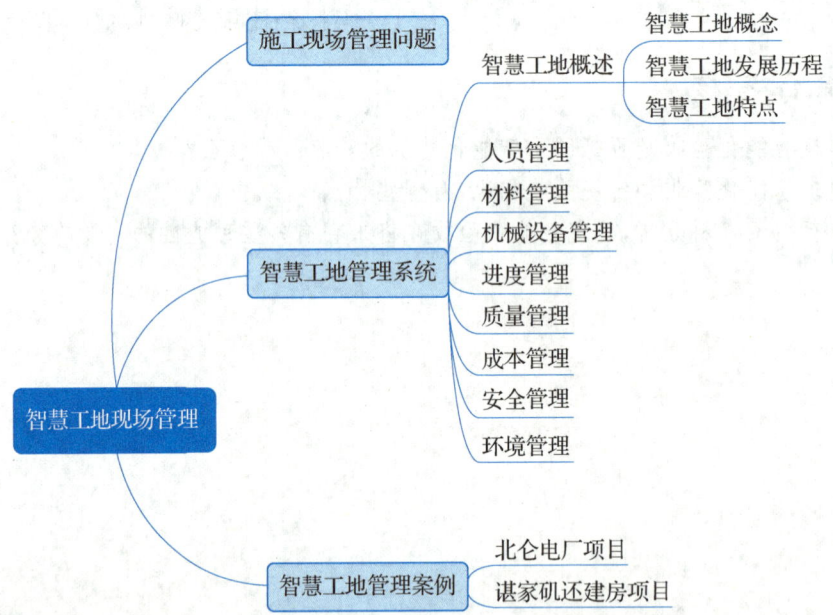

知识目标：

(1) 了解传统施工现场管理现状；
(2) 掌握智慧工地管理系统的概念及各模块的功能。

能力目标：

(1) 能说出智慧工地对比传统现场管理的优势；
(2) 能结合实际工程案例分析采用智慧工地系统进行管理取得的成效。

素质目标：

(1) 增强质量意识、安全意识、成本意识等工程思维；
(2) 培育科学素养和创新精神；
(3) 锻炼分析实际问题、解决实际问题的能力。

8.1 施工现场管理问题

在当今的建筑行业中,施工现场管理的重要性愈发凸显,它不仅关乎工程质量与进度,更对施工安全及企业效益有着决定性影响,但目前施工现场管理还存在着很多问题。

1. 安全管理

尽管安全宣传工作持续推进,但部分施工人员,尤其是一线的工人群体,由于文化程度有限且缺乏系统培训,安全意识依旧薄弱。在施工现场,不佩戴安全帽、违规操作机械设备等现象时有发生。

多数建筑企业虽已构建起较为完善的安全管理制度,然而在执行过程中,安全检查往往流于形式,管理人员未能深入排查安全隐患,施工现场的安全隐患整改不及时,责任人监督不到位,导致安全制度没有实际落实。

2. 质量管理

施工队伍中质量管理人员专业水平参差不齐,部分人员缺乏对新技术、新工艺的了解与掌握。一线施工人员技能水平也存在较大差异,影响了工程质量的稳定性。例如,在一些复杂的混凝土浇筑施工中,由于工人振捣操作不熟练,导致混凝土出现蜂窝麻面等质量问题。

另外,在材料质量把控环节存在漏洞,部分材料供应商以次充好,而施工单位的材料检验手段有限,一些不合格材料流入施工现场。材料储存与使用管理不善,如钢筋生锈、水泥受潮等,也影响了工程质量。

3. 进度管理

施工进度计划制定不够科学合理,对工程中天气变化、设计变更等影响因素考虑不足,导致进度计划与实际施工情况脱节难以有效指导施工。

各参建单位之间协调沟通不畅,如建设单位、设计单位、施工单位及监理单位之间信息传递不及时、不准确,则会出现因等待设计变更通知、甲方确认等问题,导致施工停滞。

另外,资源配置不合理,劳动力、机械设备及材料供应与施工进度不匹配,如施工高峰期劳动力短缺、机械设备故障维修不及时、材料供应不及时等情况,都会延误施工进度。

4. 成本管理

现场施工人员普遍缺乏成本控制意识,在施工过程中浪费材料、不合理使用机械设备等现象较为常见。部分项目施工预算编制不够精细,存在漏项、错项等问题,在施工过程中对预算的执行缺乏有效监督,随意变更施工内容,导致成本超支。

5. 现场文明施工管理

当前施工现场的扬尘、噪声、废水污染问题较为突出。土方开挖、物料运输过程中扬尘漫天,施工机械设备噪声扰民,废水未经处理直接排放等现象,对周边环境和居民生活造成了不良影响。

图 8-1 施工现场扬尘

课堂互动

谈谈传统工地给你的感觉，查阅资料说说施工现场"六牌一图"指什么。

8.2 智慧工地管理系统

当前建筑施工现场管理存在诸多亟待解决的问题，加强人员培训、完善管理制度、强化监督执行等措施，全面提升施工现场管理水平，是建筑行业实现高质量发展的必然要求，基于以上需求，智慧工地管理系统应运而生。

8.2.1 智慧工地概述

1. 智慧工地的概念

智慧工地是指在工地施工过程中，综合运用信息技术，建立施工场地的立体化模型，在施工监管全过程中形成一个互相连接的数据链条，并结合智能信息采集、数据模型分析、管理高效协同及过程智慧预测等措施，提高工地现场的生产效率、管理效率和决策能力等，提升工程管理信息化水平，实现绿色建造、生态建造和智能建造。

由此可见智慧工地是建立在高度信息化基础上的一种信息感知、互联互通、全面智能和协同共享的新型信息化手段，也是 BIM 技术、物联网等信息技术与先进的建造技术的深度融合的产物，更会催生出创新的工程现场管理模式。

智慧工地必须应用最新的信息技术，以一种"更智慧"的方法来改进工程各干系组织和岗位人员相互交互的方式，以便提高交互的明确性、灵活性、响应速度和效率。信息技术应用的重点包括：一是要采用物联网技术，将感应器植入建筑、机械、人员穿戴设施、场地进出关口等各类物体中，并且被普遍互联，形成"物联网"，再与"互联网"整合在一切；二是通过移动技术,结合移动终端的使用,直接在现场工作,实现工程管理关系人与工程施工现场的整合,保证实施协同工作;三是集成化的需求和应用,企业和项目部都有对工地现场进行统一管理和监控的需求,因此,在规范不同系统的标准数据接口的基础上,还应建立集成化的平台,实现智慧工地监管系统,系统还要保证与现有的管理体系、管理系统等实现缝整合。

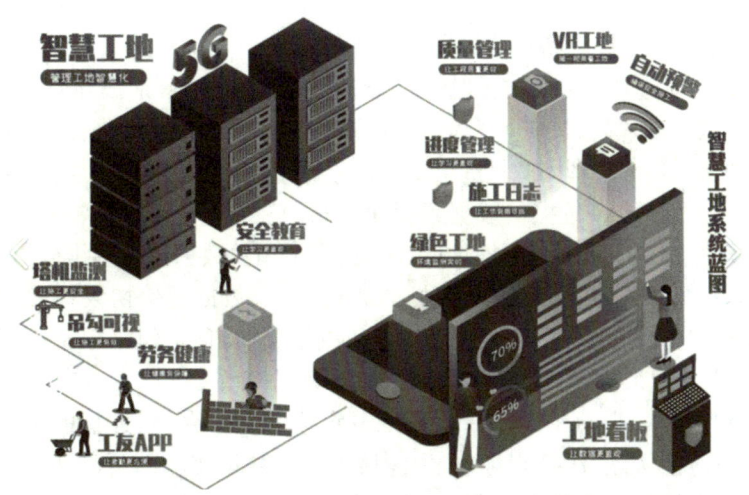

图 8-2　智慧工地系统蓝图

2. 智慧工地的发展历程

从人工智能技术发展到今天来看,我们可以将"智慧工地"的发展定义为三个阶段,即感知阶段、替代阶段、智慧阶段。

感知阶段:借助人工智能技术,起到扩大人的视野、扩展感知能力以及增强人的某部分技能的作用。如借助物联网传感器来感知设备的运行状况、感知施工人员的安全行为等,借助智能机具来增强施工人员的技能等。我们现在的"智慧工地"主要就处于这个阶段。

替代阶段:借助人工智能技术来部分代替人,帮助完成以前无法完成或是风险很大的工作。如现在正处于研究和探索的智能砌筑机器人、智能焊接机器人等,未来某些施工场景会实现全智能化的生产和操作。当然,这种替代是基于设定的应用场景,并预设出实现的条件和路径来实现的智能化,智能替代边界条件是严格框定在一定范围内的。

智慧阶段:随着人工智能技术的进一步发展,借助其"类人"的思考能力,大部分替代人在建筑生产过程和管理过程的参与,由一部"建造大脑"指挥和管理智能机具、设备等来完成整个建造过程。这部大脑具有强大的"知识库"管理和强大的自学习能力,也就是"自我进化"能力。人转变为监管"建造大脑"的角色。

"智慧工地"三个阶段,是随着人工智能技术的研发和应用不断发展而循序渐进的过程,不可能一步实现。这需要在感知阶段就做好顶层设计工作,在总体设计思路的指导下有序开展技术应用和研发,特别要注重 BIM、互联网、物联网、云计算、大数据、移动计算和智能设备等软硬件信息技术的集成应用。物联网、智能设备等技术可以理解为人的手、眼、耳、鼻等,用于感知外界的形态、颜色、温度等信息;互联网、移动计算、信息模型等技术可以理解为人的血管、神经网络,用于传输和加工信息;大数据、人工智能等技术可以理解为人的大脑,对采集到的数据和信息进行集中加工分析,并通过物联网传感器指挥智能设备做出反应和动作。只有这样,才能在应用中不断推动施工工地的自动化建造、智能化建造以及新型管理模式下的智慧协同,实现建造方式的彻底转变。

3. BIM+智慧工地平台特点

BIM+智慧工地平台将现场系统和硬件设备集成到一个统一的平台,将产生的数据汇总和建模形成数据中心,基于平台将各子应用系统的数据统一呈现,形成互联,项目关键指标通过直观的图表形式呈现,智能识别项目风险并预警,问题追根溯源,帮助项目实现数字化、系统化、智能化,为项目经理和管理团队打造出一个智能化"战地指挥中心",其特点包括:

(1) <u>集成平台、统一入口</u>:提供数据可视化看板,整体呈现工地各要素的状态和关键数据。看板具备分析能力,能够对劳务、进度、质量、安全相关数据进行多维分析。

(2) <u>应用系统集成</u>:通过建立工地现场的数据标准、数据通信协议标准、各应用间认证和数据交换标准,支持多个应用间的数据共享和数据交换,包括但不限于进度管理系统、劳务管理系统、安全管理系统、质量管理系统、成本管理系统等。

(3) <u>智能硬件接入</u>:智慧工地平台使用工业级物联网平台,对连接的硬件设备进行统一连接认证、建模和管理,保障接入设备数据传输的可靠性和稳定性。基于场地布置平面图提供动态可视化的图形看板,图形看板中按实际位置呈现环境检测设备、摄像头、塔式起重机等硬件设备,并对运行状态进行动态显示。

拓展学习

智慧工地

下图 8-3 为深圳第二儿童医院的 BIM+智慧工地应用案例。

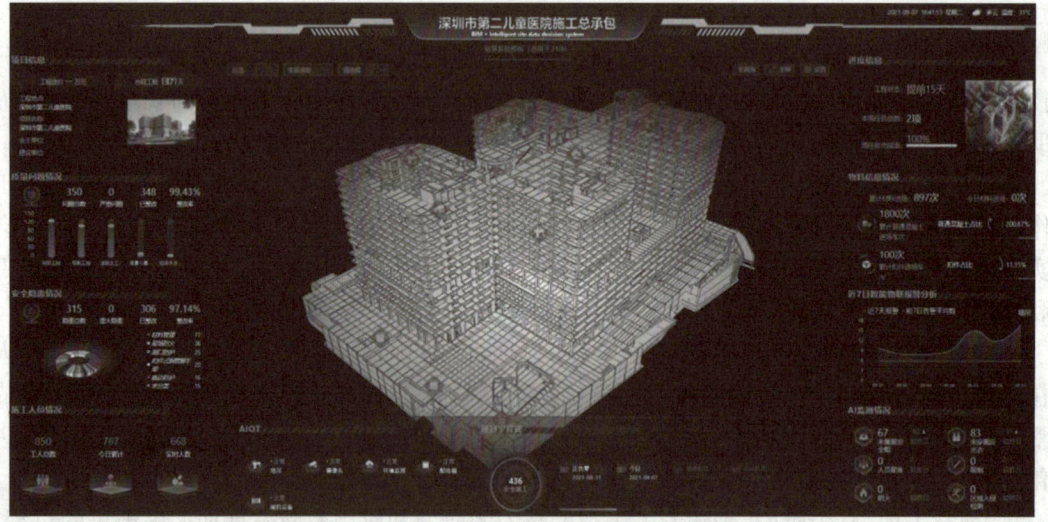

图 8-3 深圳第二儿童医院 BIM+智慧工地应用案例

8.2.2 人员管理

智慧工地人员管理首先通过先进的身份识别技术,实现人员的精准管控。利用人脸识别系统,施工人员在进入施工现场时,只需刷脸即可完成身份验证。智慧工地人员管理模块主要有以下功能：

1. 安全教育培训：借助线上培训平台，为施工人员提供丰富多样的课程资源，涵盖安全法规、操作规程、事故案例分析等内容。这些课程以视频、动画等生动形式呈现，便于工人理解和学习。培训结束后，通过在线考核检验工人的学习成果，只有考核合格的人员才能正式上岗作业。这种智能化的培训考核方式，既提高了培训效率，又确保了工人具备必要的安全知识和技能。

2. 实时定位与轨迹追踪技术：管理人员随时掌握施工人员在现场的位置与行动轨迹。通过在安全帽或智能手环中嵌入定位芯片，可在后台管理系统的电子地图上实时显示人员位置。一旦发生危险情况，如坍塌、火灾等，能够迅速确定被困人员位置，为救援工作争取宝贵时间。此外，通过分析人员轨迹，还能发现工人是否存在违规进入危险区域的行为，及时发出预警，避免安全事故的发生。

3. 健康监测：智能手环等设备可实时监测工人的心率、血压、疲劳度等生理指标。当检测到异常数据时，系统自动向管理人员和工人本人发送警报信息，提醒采取相应措施，预防因身体不适引发的安全事故。特别是对于从事高空作业、重体力劳动的工人，健康监测尤为重要，为他们的生命安全加上了一道"保险"。

除此之外，智慧工地人员管理还为人员调度与绩效评估提供有力支持。通过对人员的工作时长、任务完成情况、技能水平等数据的收集与分析，管理人员能够合理安排人力资源，确保各项施工任务高效完成。同时，客观准确的绩效评估体系，激励工人积极工作，提高工作质量和效率。

图 8-4　智慧工地人员管理示意图

8.2.3　材料管理

智慧工地材料管理通过物联网、大数据、BIM、智能化设备等技术的协同运用，构建起高效、精准、智能的管理体系,为工程项目顺利推进与成本控制提供坚实保障。

物联网技术成为材料管理的"千里眼"与"顺风耳"。通过在材料上安装电子标签、传感器等设备,从材料采购下单起,运输全程的位置、状态信息便实时上传至管理平台。卸料时,自动识别系统快速准确清点数量。入库后,借助智能仓储系统,依据材料属性与使用频率,优化存储布局,同时传感器实时监测温湿度、库存数量等。一旦材料快低于预设值,系统立即发出预警,确保材料不断供。

大数据与云计算为材料管理提供"最强大脑"。它们收集、分析材料采购、使用、库存等海量数据,生成材料需求预测模型。依据工程进度计划、历史用量、天气等因素,精准预测各阶段材料用量,为采购计划提供科学依据,避免浪费与积压。还能分析供应商数据,评估信誉、价格、质量等,筛选优质供应商,优化采购成本。

BIM 技术打造材料管理的"虚拟沙盘"。将材料信息与 BIM 模型深度融合,以三维可视化形式展示材料在工程中的位置、用量、安装时间等。施工前,模拟施工过程,提前发现材料碰撞、工序冲突等问题,优化施工方案。施工中,管理人员借助 BIM 模型快速定位材料位置与状态,指导现场施工。

智能化设备是材料管理的"得力助手"。智能搬运机器人依据指令自动运输材料,减少人力成本与搬运风险。智能分拣设备根据材料信息自动分类,提高分拣效率与准确性。同时,利用高清摄像头、智能监控系统,对材料现场使用情况实时监控,防止浪费、被盗等。

图 8-5　RFID 技术盘点仓库材料

8.2.4　机械设备管理

在智慧工地中,机械设备管理借助一系列先进技术,实现智能化、精细化,有力保障施工安全与效率。

(1) 物联网技术是机械设备管理的"感知神经"。通过在设备上安装各类传感器,如振动传感器、温度传感器、油耗传感器等,实时采集设备的运行参数,包括工作时长、转速、油温等。这些数据经网络传输至管理平台,管理人员可远程实时掌握设备状态。例如,当设备关键部件温度异常升高,系统即刻发出预警,提醒维修人员及时排查,避免故障扩大。

(2) 大数据与云计算成为管理决策的"智慧大脑"。它们对海量设备数据进行深度分析,挖掘设备运行规律与潜在问题。通过建立设备故障预测模型,依据设备历史数据、运行工况等因素,预测设备可能出现故障的时间与部位,提前安排预防性维护,降低非计划停机风险。同时,分析设备使用效率数据,合理调配资源,提高设备利用率,减少闲置浪费。

(3) BIM技术构建起机械设备管理的"虚拟模型"。将设备的三维模型与项目BIM模型相结合,直观展示设备在施工现场的空间位置与布局。在施工前,通过模拟施工过程,检验设备与场地、建筑物之间是否存在空间冲突,优化施工方案与设备停放位置。施工中,利用BIM模型进行设备可视化管理,快速定位设备,查看设备信息与运行状态。

(4) 智能化监控与预警系统是设备安全的"忠诚卫士"。借助高清摄像头、智能视频分析技术,对设备作业现场进行实时监控。当监测到设备违规操作,如起重机超载、挖掘机在危险区域作业等,系统立即发出声光报警,并通知相关人员。同时,对设备周围的人员、障碍物进行监测,防止发生碰撞事故。

(5) 最后,智能调度系统实现了机械设备资源的高效配置。根据施工进度计划、设备状态、任务需求等因素,自动生成最优调度方案,合理安排设备的使用顺序与任务分配,提高施工效率。

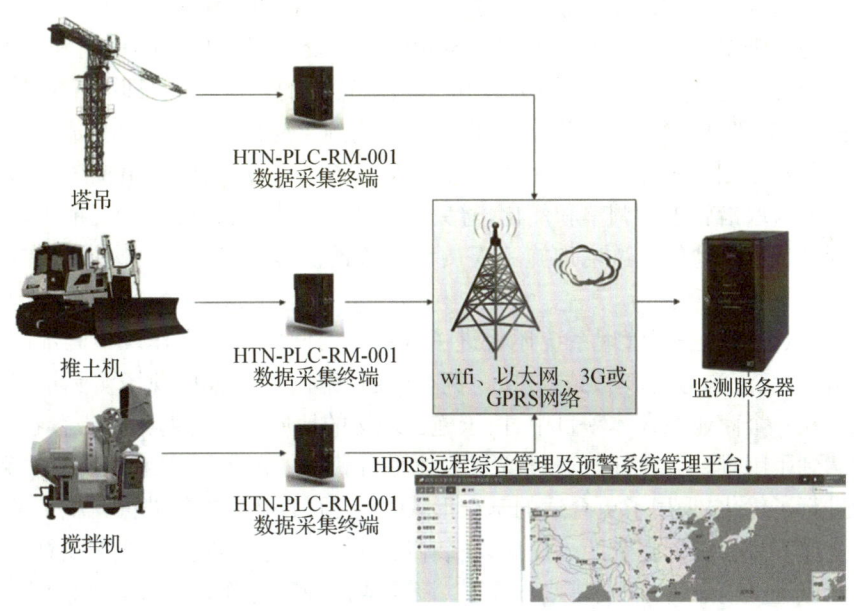

图8-6 智慧工地机械设备管理案例

课堂互动

人材机管理统称施工现场资源管理,一般由生产经理组织执行,你知道进行资源管理最关键的任务是什么吗?

8.2.5 进度管理

传统的工地进度管理往往依赖于人工记录和纸质文档,信息传递不及时、不准确,容易出现数据偏差和延误。例如,施工人员需要每天手动记录完成的工作量,然后通过层层上报的方式将信息汇总到项目管理办公室。这一过程中,不仅耗费大量的时间和精力,还可能因为人为疏忽或记录不及时而导致数据错误。纸质文档的保存和管理也存在一定的困难,一旦丢失或损坏,将会给后续的工作带来诸多不便。

智慧工地借助先进的信息技术,实现对工程进度的实时监控和精准管理。通过在施工现场安装各类传感器、摄像头等设备,管理人员可以随时随地获取工程的实际进展情况。比如,在混凝土浇筑过程中,安装在搅拌机上的传感器可以实时监测混凝土的搅拌速度、温度、坍落度等参数,并将数据传输到云端平台。管理人员可以通过手机或电脑登录平台,随时查看这些数据,确保混凝土的质量符合要求。同时,摄像头可以对施工现场进行全方位监控,实时捕捉施工画面,让管理人员能够及时发现和解决施工中出现的问题。这些数据被及时传输到云端平台后,经过智能分析和处理,以直观的图表和报表形式呈现出来,让管理者对工程进度一目了然。例如,系统可以根据不同工序的计划开始时间和实际开始时间,自动生成甘特图,清晰地展示出每个工序的进度情况以及与计划进度的差异。管理者可以通过对比甘特图,快速找出进度滞后的工序,并分析原因,采取相应的措施进行调整。

智慧工地的进度管理还具备强大的预警功能。系统会根据预设的计划和标准,自动对比实际进度与计划进度的差异,一旦发现偏离预定轨道的趋势,会立即发出预警信号。例如,在某高层住宅建设项目中,按照计划,地下室结构施工应该在 30 天内完成。当进行到第 25 天时,系统发现实际完成的工作量仅达到计划的 80%,于是立即发出预警。这使得管理人员能够提前采取措施进行调整和优化,避免问题的进一步扩大,确保工程能够按照预定的时间节点顺利推进。他们通过增加施工人员和设备投入,调整施工工艺,最终在第 30 天完成了地下室结构施工任务。

此外,智慧工地的进度管理系统还促进了各部门之间的协同合作。不同部门可以在平台上共享信息、交流沟通,实现无缝对接。例如,设计部门可以根据现场实际情况及时调整设计方案。在一个商业综合体项目中,由于施工现场的地质条件与勘察报告存在一定差异,基础施工遇到了困难。设计部门通过智慧工地平台获取了现场的详细地质数据后,迅速对基础设计进行了优化,采用了更合适的基础形式,保证了工程的顺利进行。施工部门能够根据最新的进度安排合理调配资源。比如,在装修施工阶段,施工部门根据进度管理系统提供的各楼层装修进度信息,合理安排水电安装、墙面地面施工等作业顺序,避免了不同工种之间的相互干扰,提高了施工效率。监理部门则可以依据准确的进度数据进行有效的监督和管理,确保工程质量和进度符合要求。

图 8-7 智慧工地进度管理看板案例

8.2.6 质量管理

智慧工地质量管理是利用数字化、信息化和智能化手段,对施工质量进行全面、实时、精准的管理和控制。它涵盖了人员管理、设备管理、施工安全管理等多个方面,并通过 PDCA 循环(计划—执行—检查—处理)不断优化质量管理流程。

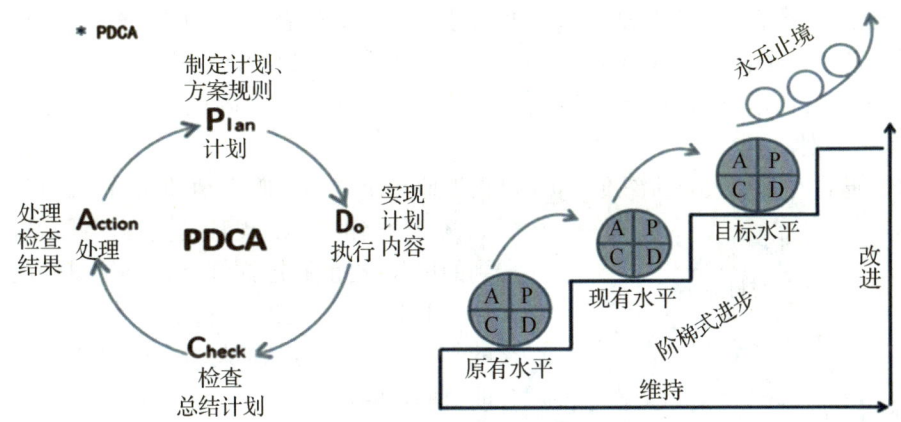

图 8-8 PDCA 循环示意图

人员管理方面,智慧工地通过实名制管理与培训来提升施工人员的质量意识和技能水平。施工人员进出施工现场需通过智能监测设备进行打卡,系统自动记录并分析人员的出勤情况、工作时长等信息,以便合理安排工作任务和防范劳务纠纷。同时,系统还能定期发布质量培训课程,施工人员可以在移动端随时学习相关质量知识和操作规程,提高自身的质量素养。此外,系统还会记录施工人员的不规范操作及质量问题,重点关注当事人后续的质量状态和工作表现,形成人员质量能力提升的闭环管理。

设备管理方面,智慧工地实现了设备的全生命周期管理和实时监控。从设备购置或租赁开始,就为其创建唯一的识别码,通过扫码即可查询设备的详细信息、使用记录等。传感器全面布设,实时采集设备的运行状态数据,如温度、湿度、压力等,一旦数据出现异常,系统会立即发出预警,帮助用户及时发现并解决问题,确保设备稳定运行。

施工安全管理方面,智慧工地通过实时风险预警来保障施工安全。系统可以对施工现场的环境、天气、地质等条件进行实时监测,并根据预设的规则进行预警。例如,当检测到风速超过安全标准时,系统会自动停止高空作业;当监测到地质条件不稳定时,系统会提前预警并采取相应的防护措施。此外,系统还能对施工过程中的质量隐患进行实时监控和预警,如发现混凝土浇筑不符合要求、钢筋绑扎不牢固等问题,系统会立即通知相关人员进行整改。

8.2.7 成本管理

智慧工地成本管理体现在多个环节,进行预算编制时,它突破传统单纯依靠经验的局限,借助大数据深度剖析过往类似项目的成本数据,并紧密结合当前工程的独特特点、详细施工方案以及实时市场价格信息,生成更为精准的成本预算。同时,BIM技术的应用为成本管理增添助力,通过建立三维模型,将工程量与成本信息精准关联,细致拆分各部分成本,大大提升预算的准确性。

施工过程中借助物联网设备全方位收集材料、设备、人工等多方面的成本数据,并实时反馈至管理平台,实现成本实时监控。例如,为材料安装传感器,可实时追踪材料的使用量与库存情况,一旦出现超支趋势,即刻发出预警,有效避免材料浪费;对设备运行时长、油耗等数据的实时监测,也有助于精准控制设备成本。

资源优化配置在智慧工地成本管理中也得到了充分体现。基于大数据分析与施工进度模拟,系统能够科学合理地安排人力、物力以及机械设备。以智能调度系统为例,它可依据施工进度的实际需求,精确调配设备,大幅提高设备利用率,有效降低设备租赁成本,避免资源的闲置与浪费。

此外,通过对海量数据的深度分析,智慧工地系统能够前瞻性地预测潜在的成本风险,如材料价格的波动、设计变更等。针对这些预测到的风险,提前制定详细且具有针对性的应对策略,例如预留风险准备金,或与供应商签订灵活的价格调整协议,从而最大程度减少风险对成本的负面影响。

相较传统工地,其成本管理主要依赖人工记录与定期核算,信息反馈严重滞后,往往难以及时察觉成本偏差。预算编制因过度依赖经验,准确性大打折扣。在资源调配方面,由于信息沟通不畅,常出现设备闲置、人力浪费等情况。而智慧工地运用先进技术实现实时监控、精准预测,成本信息实时更新,偏差能及时纠正。预算编制

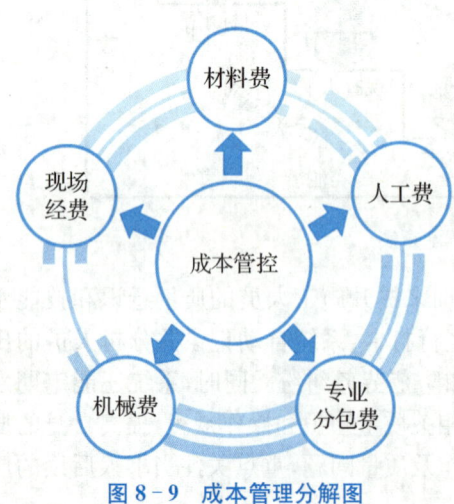

图 8-9 成本管理分解图

结合大数据与 BIM 技术更加精准,资源配置依靠数据分析与智能系统更加科学合理。

> **课堂互动**
>
> 进度管理、质量管理、成本管理通常被称为施工现场"三大控制"要点,其三者通常被认为是"对立统一"的关系,说说你对三者"对立统一"的理解。
>
>

8.2.9 安全管理

人员安全管理采用虚拟现实(VR)、增强现实(AR)、混合现实(MR)、二维码、多媒体、网络在线等多种技术手段,实现对从业人员的安全教育与现场监控。项目经理部必须建立职业健康安全生产责任制,将职业健康安全责任目标分解到岗位。项目经理、作业队长、班组长、操作工人、承包人、分包人等分别承担自己的职业健康安全责任,做到人人头上有指标。下图 8-10 展示了借助 VR 技术对工人进行安全教育。

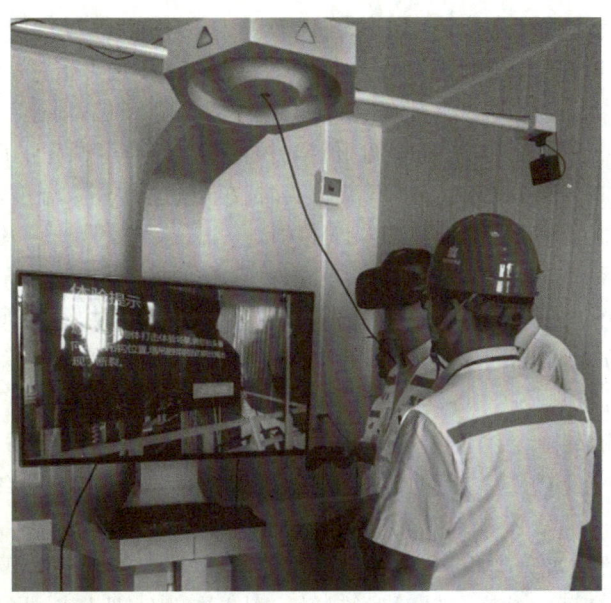

图 8-10 VR 安全教育

机械设备安全管理应支持对中大型机械设备,包括但不限于塔式起重机、履带式起重机、轮胎式起重机、施工升降机、物料提升设备等危险作业环境的相关危险源数据进行实时监测、传输与提示。危险空间安全管理应支持对容易产生较大安全事故的危险空间,包括但不限于深基坑、模架、临边、有限空间等危险作业环境的相关危险源数据进行实时监测、传输与提示。

图 8-11 深基坑实时监测

安全方案管理是满足施工现场的安全方案管理的要求,提供包含但不限于安全方案的在线提交、审查、在线编辑、公示、台账的功能,同时实现安全方案的交底功能。

8.2.10 环境管理

智慧工地环境管理主要包括以下举措:

于工地内部及周边关键点位,对 PM2.5、PM10、二氧化硫、氮氧化物、臭氧等污染物浓度进行实时追踪。一旦数据触及超标红线,即刻向管理平台发送警报,为及时采取降尘、减排措施提供有力支撑。与此同时,噪声监测仪在工地边界坚守岗位,对施工噪声进行不间断监测。一旦噪声值突破规定上限,系统瞬间报警,并深入分析噪声产生的时段与区域,为制定针对性降噪方案提供精准依据。此外,气象站实时收集风速、风向、温度、湿度及降水等气象信息,为优化降尘、喷雾等环保作业提供科学指引。

设置自动喷淋系统广泛布局于围挡、塔吊、物料堆放区等易产生扬尘的区域。当空气质量监测系统发出扬尘预警,或气象条件预示可能出现扬尘时,系统便自动启动,通过喷头将水雾化,促使扬尘颗粒沉降,高效降低空气中的颗粒物浓度。智能雾炮机同样发挥着重要作用,它能依据监测数据,自动调整喷雾范围、角度及喷雾量,结合风向信息,实现对大面积扬尘区域的精准降尘。而在工地出入口,全自动车辆冲洗设备与车辆识别系统紧密联动,车辆进出时自动感应并启动冲洗程序,确保车辆净车出场,杜绝带泥上路,减少道路扬尘污染。

在工地合理设置垃圾分类收集点,并借助智能识别技术,对建筑垃圾与生活垃圾进行精准分类收集,大幅提高回收效率。针对建筑垃圾,引入专业处理设备,将其在现场进行破碎、筛分等处理,转化为再生骨料,用于道路基层铺设、制作再生砖等领域,实现建筑垃圾的资源

图 8-12　环境监测系统和雾炮机

化利用。同时,通过信息化管理平台详细记录建筑垃圾的产生量、处理量及再利用量,实现对废弃物管理的全程监督与高效管控。

智慧工地管理平台将各类监测设备采集的数据进行整合与深度分析,借助大数据技术挖掘施工活动与环境变化之间的内在联系,为制定科学合理的环境管理策略提供坚实的数据支撑。管理人员通过手机、电脑等终端远程登录平台,可实时查看环境监测数据、设备运行状态以及视频监控画面。一旦出现环境问题,能够迅速远程指挥调度,及时采取应对措施,显著提升环境管理的响应速度与处理效率。

> **课堂互动**
>
> 　　党的二十大报告指出:"尊重自然、顺应自然、保护自然,是全面建设社会主义现代化国家的内在要求。必须牢固树立和践行绿水青山就是金山银山的理念,站在人与自然和谐共生的高度谋划发展。我们要推进美丽中国建设,坚持山水林田湖草沙一体化保护和系统治理,统筹产业结构调整、污染治理、生态保护、应对气候变化,协同推进降碳、减污、扩绿、增长,推进生态优先、节约集约、绿色低碳发展。"
> 　　阅读以上材料,谈谈施工现场环境管理的重要性。

8.3　智慧工地管理案例分析

8.3.1　国家能源集团浙江公司北仑电厂及其二期扩建项目

浙江宁波北仑电厂的智慧工地系统集成了视频监控、数字广播、人员定位、AI 行为识别、国产 BIM(建筑信息模型)五大模块(图 8-13),通过这些模块的协同工作,实现了对工程建设全过程的智能化管理,其主要特征如下:

图 8-13 北仑电厂示意图

视频监控与 AI 智能分析：现场一旦出现不戴安全帽、不规范着装、未按照规定要求作业等人员违规行为，布置在现场的 140 多个摄像头，就能通过 AI 智能算法第一时间捕捉异常，预警信息立即在一体化管控中心的系统大屏上弹出，并通过广播进行现场语音警示，全流程完全无需人员操作。

人员定位与轨迹追溯：后期梳理归档也不是难题，人员定位模块中的事件追溯系统，可将人员轨迹与视频记录有机结合，时间、地点、人员、行动轨迹一目了然，真正做到从发现到整改再到记录，全自动监管一气呵成。

BIM 建模系统：通过 BIM 建模，系统搭建起全过程应用平台，使施工现场在中央大屏上立体化、直观化。实现"一个模型"贯穿设计、施工、运维全过程，提高管理效率。

图 8-14 北仑电厂项目智慧工地管理平台

智能预警与专项监控：针对大体积混凝土测温、深基坑、高支模、升降机、塔吊等重点模块进行专项监控。安装在深基坑边坡的位移安装传感器，就是他们的"保护伞"。通过传感器，深基坑的边坡移动、模板沉降、支架变形等数据能实时传送至平台，第一时间助力监理人员直观化监控基坑状态，确保施工人员安全。

搭建的塔吊监测子系统能够实时监控塔吊机工作状态，并进行"模拟实验"，提前防范危险因素。智慧工地结合5G专网创新搭建吊钩可视化和智能预警系统。作业时，摄像机实时跟踪，在引导塔吊司机的同时，通过5G专网，同步将实时画面传输至远程监管平台，解决了施工现场情况复杂，无法有效监控塔吊施工的安全难题。

通过吊钩摄像头划定下方安全区域，并进行画面智能识别。一旦发现人员非法闯入，现场数字广播将立刻进行自动报警，通知操作人及地面指挥管理人员。

图 8-15　北仑电厂项目塔吊监测

2023年12月7日，北仑电厂二期扩建工程—智慧工地管理平台开发调试完成，成功上线运行。2024年6月，北仑电厂二期扩建工程智慧工地的深基坑监测系统上线。

该厂数字化智慧工程项目充分贯彻数字化与智能化应用理念，以5G+智能设备物联网体系为主要建设内容，实现全厂5G覆盖、智能AI识别、塔机监控、升降机监控、环境监测、临边防护、水量监测、电量监测数据上传、分析和可视化管理等内容，对工地现场的"人、机、料、法、环"等各生产要素进行实时、全面、智能的监控管理和信息共享，以智能化的手段改进施工现场人员、设备的组织及交互方式，保障工程安全高质量推进。

平台规划建成8个类别70余项功能模块，如工程简介、劳务实名制管理、安全教育、人员履职、大型机器、安全管理台账；安全和质量隐患、进度情况、施工现场管理等模块；5G+物联网监测（主要包括AI抓违章、塔基、升降机、深基坑、水电监测等）和现场巡检情况。

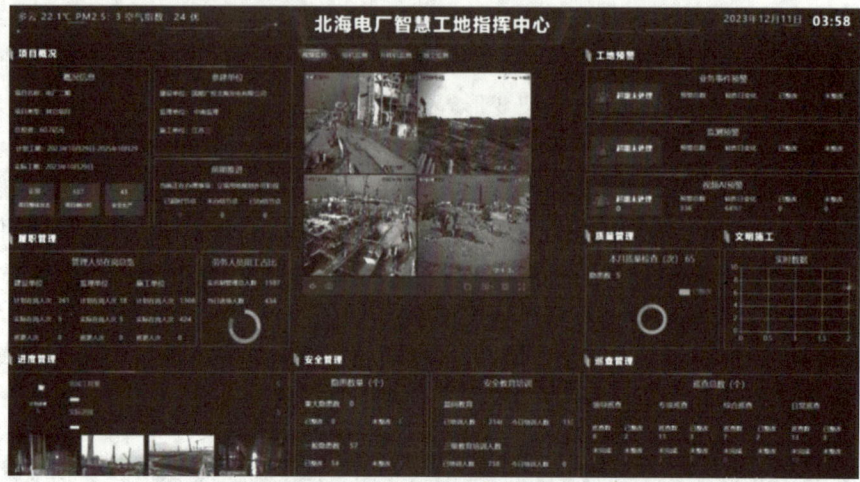

图 8-16　北仑电厂二期扩建项目智慧工地管理平台

安全管理和工地预警：通过智能视频监视系统利用计算机视觉与 AI 人工智能技术，将图像与事件描述之间建立一种映射关系，使计算机从纷繁的视频图像中分辨、识别出关键目标物体，借助计算机强大的数据处理能力过滤掉图像中无用的或干扰信息、自动分析、抽取视频源中的关键有用信息，实现对流动吸烟、未戴安全帽、未正确使用安全带等典型违章行为进行智能识别，发出警告，信息直接推送责任人或其管理人，并自动生成罚款单，实现无人干预式智能违章处理功能。

通过物联网技术监测运渣车数据检查，对大型机械运行进行监控，如超限报警，通过智能力矩监控设备，自动采集每吊重量；司机室安装显示屏，实时显示每吊重量；当吊重超限超载时，系统自动声光预警。

防碰撞监控：现场多塔作业时，群塔中每塔均安装防碰撞监控设备，通过对塔吊作业状态（转角、半径、塔高等）进行实时监控，塔吊智能识别和判断碰撞危险区域；大臂进入碰撞危险区域，系统即开始声光预警，距离越近，报警越急，及时提醒塔吊司机停止危险方向的操作。

北仑电厂二期扩建项目视频监控中心如图 8-17 所示。

图 8-17　北仑电厂二期扩建项目视频监控中心

现场巡检 APP：是该公司刚刚上线也是集团第一家投入使用的，通过手机 APP，将现场的违章、安全隐患、质量隐患随时随地拍照并上传智慧工地平台，现场生成整改任务单，并督促相关人员进行整改，提高问题发现、处理效率。

8.3.2　中冶南方江岸区谌家矶还建房项目 BIM＋智慧工地应用案例

武汉市江岸区谌家矶还建住宅及配套设施项目 H1-H4 地块工程由武汉市都市产业投资集团有限公司投资开发建设，位于武汉市江岸区，谌家矶兴谌大道两侧，知行学院以北，三环线以南。项目总用地面积 20.2 万平方米，总建筑面积为 87.47 万平方米。其中，地上建筑面积 65.93 万平方米（住宅 63.07 万平方米，配套 2.86 万平方米）；地下建筑面积 21.54 万平方米。容积率为 3.26，总户数约 6 535 户，机动车位数约 6 559 个，非机动车位数约 3 412 个。本项目采用 EPC 工程总承包模式，由中冶南方工程技术有限公司作为项目 EPC 工程总承包商。根据前期项目策划，本项目 EPC 采用信息化管理。

为了提高工程的规划、设计、建设和运营的质量与效率，项目在工程全生命周期充分利用 BIM 技术，达到正向设计、精细化管理，减少返工节省工期节约成本，最终完成高平直高标准的建设目标，其亮点如下：

1. 重视 BIM 应用

（1）BIM 正向设计

项目设计组在接收到方案设计成果后开始应用 BIM 技术进行初步设计工作，主要通过建筑结构、机电专业协同设计，净高分析和面积指标准确统计来控制设计指标、优化设计方案。

进一步深化初步设计成果开展施工图设计工作，实现全专业协同设计、冲突检测、管线综合及净高优化，与绿色建筑软件结合实现建筑节能计算和建筑性能分析，最终完成施工图图纸输出，从而真正实现 BIM 正向设计。见图 8-18。

（2）BIM 深化设计

① 基于 BIM 的结构预留预埋深化设计

在管线施工前对穿墙、穿梁等部位进行定位，输出预留预埋图，指导现场施工，避免机电二次打洞。

② 基于 BIM 的参数化排砖设计

利用 BIM 模型三维参数化及可视化特点，对重点部位砌体排砖进行模型预排工作，根据模型效果辅助设计最优排砖方案。

③ 基于 BIM 的机电安装深化设计

基于设计阶段 BIM 模型继续深化工作，制作更为精细直观的三维图纸，例如机电安装复杂节点、管道支吊架、构件精确定位等，辅助项目在施工阶段更高效高质的实施。

（3）基于 BIM 的施工交底

利用 BIM 可视化的特点，设计部基于 BIM 模型完成施工图综合会审及交底，加强了项目设计与施工的协调。基于二工区地质条件复杂多样，在土方开挖施工前通过 Civil3D 创建三维地质模型并进行三维可视化及工艺模拟现场交底。见图 8-19。

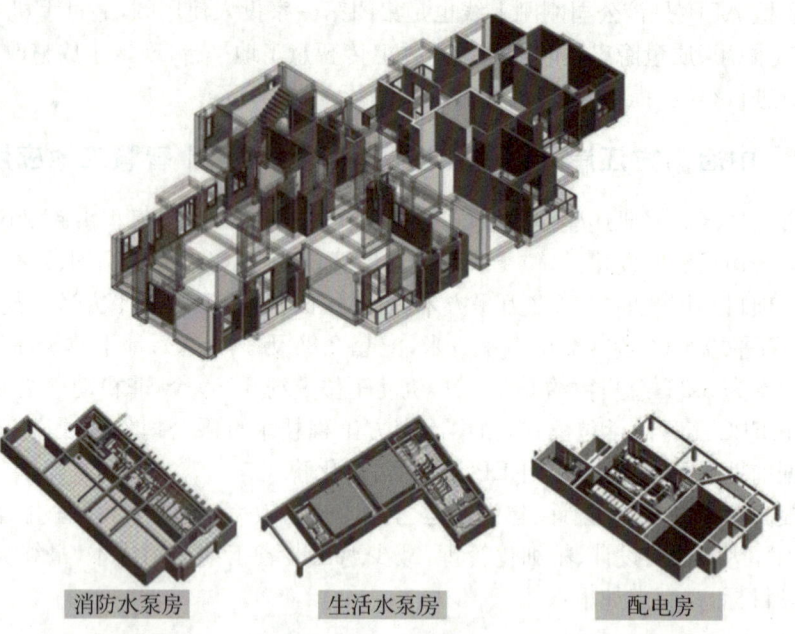

图 8-18　谌家矶还建房项目 BIM 三维模型

图 8-19　基于 BIM 模型的可视化交底

（4）基于 BIM 的施工平面布置模拟优化

在基于 BIM 技术的模型系统中，按施工平面布置图搭建各种临时设施实体模型，按安全文明施工方案的要求进行修整和装饰。运用 BIM 技术对现场平面进行科学、合理的布置，减少现场材料、机具二次搬运，符合施工现场卫生、安全防火和环境保护等要求。

应用 BIM 技术进行场地建模，按安全文明施工方案的要求进行修整和装饰，合理安排塔吊、岗亭、加工场地和生活区等的位置；通过与现场沟通协调，对施工场地进行优化，选择最优施工路线，尽量减少占用施工用地，使平面布置紧凑合理，同时做到场容整齐清洁，道路畅通，符合防火安全及文明施工的要求。见图 8-20。

通过漫游/动画的形式提供可视化的模型数据及身临其境的视觉及空间感受，及时发现不易被察觉的不合理现象，减少由于事先规划不周全而造成的损失。

（5）基于 BIM 的进度模拟与优化

利用广联达斑马进度制定合理有效的进度计划，计算最短工期、推演最优施工方案，提前规避施工冲突，施工过程中辅助项目计算关键线路变化，及时准确预警风险，指导纠偏，提

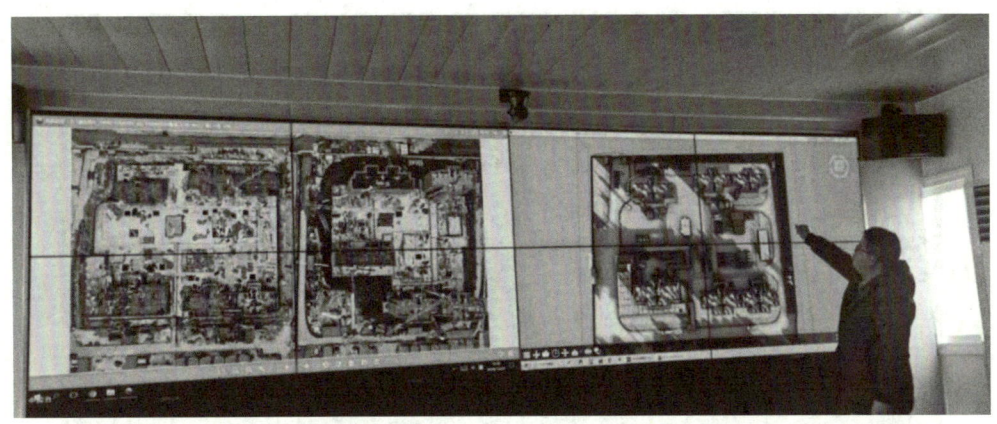

图 8-20 基于 BIM 模型进行场布模拟

供索赔依据。

(6) 基于 BIM 的施工方案模拟与优化

运用 BIM 三维模型进行施工方案真实模拟,从中找出实施方案中的不足,并对实施方案进行修改,最终达到最佳施工方案。利用 BIM 施工方案模拟辅助沟通,减少各方的理解歧义,快速理解工作面交接,以便达成共识。见图 8-21。

图 8-21 基于 BIM 模型的土方开挖模拟

2. BIM+智慧工地

项目采用 BIM+智慧工地平台,从生产进度管理、安全管理、质量管理、人员管理、环境保护几个方面进行施工现场指挥管理。见图 8-22。

(1) 进度管理

通过任务派分使现场质量工程师明确现场工作任务,并及时通过手机端反馈计划任务实际完成情况,确保生产数据全过程自动留痕并形成积累和统计,也可辅助一键输出汇报文件,一键导出滞后完成任务;基于手机 APP 采集到现场数据,节约生产例会准备时间,通过网页端直接进行生产进度汇报,提升生产例会会议效率和质量,实现生产例会的数字化呈现。

图 8-22　BIM＋智慧工地系统

① 施工相册：通过移动端随时记录现场的照片，汇总质量、安全、进度等模块中的相关照片信息，形成系统的施工相册，为后续隐蔽工程验收、索赔佐证、结算依据、实际进度比对提供帮助。

② 机械管理：各工区质量工程师对现场汽车吊、挖土机等设备台班使用情况、完成工作量，以及由项目部协调的施工合同外的机械台班进行记录统计，保证了现场设备管理的精准性。

③ 材料统计：优化现场物资管理员记录材料入库、出库情况的存储方式，物资管理员（含第一手接触材料的工区管理人员）通过移动端记录施工现场甲供主材、资料单里原始计料单中材料出、入库情况。保证领导层及其他部门通过移动端材料看板及网页端大数据分析实时查看现场。

④ 无人机航拍：在施工过程中，BIM 工程师及综合部管理人员通过定时采集项目各工区外景和无人机航测结合的方式获取现场的影像数据，作为进度检视素材及项目形象进度照片。从多角度拍摄现场图片，巡检人员可在飞行途中轻松发现现场质量问题所在。围绕着三维重建，提供了一站式的数据采集服务，通过三维数据处理完成形象进度对比分析、土石方填挖方量计算等服务。见图 8-23。

图 8-23　无人机航拍

(2) 安全文明管理

① 安全巡检：施工安全管理系统，以海量的安全隐患清单、学习资料为数据基础，安全隐患的排查与治理管控为主要业务，项目部检查组、安全环境经理、各工区经理、安全环境工程师参与安全管理工作，对施工生产中的人、物、环境的行为与状态进行具体的管理与控制，通过"事前预防"、"事中管控"的方式杜绝事故的发生。

② 塔吊监测及吊钩可视化：各工区进行塔吊监测及吊钩可视化安装，通过系统实时采集当前塔机运行的载重、角度、高度、风速等安全指标数据。实现塔机实时监控与声光预警报警、数据远传功能，并在司机违章操作发生预警、报警的同时，自动终止起重机危险动作，有效避免和减少安全事故的发生。同时操作室内视频画面显示，协助司机正确判断吊钩处详细情形，避免安全问题的发生，提高塔吊作业效率。

③ 配电箱监测：对现场各工区主要用电区域进行电箱监控；通过智能化手段实现用电量监控、对现场用电数据进行统计分析，形成基于数据的管理决策方式，保障用电安全高效。

④ VR 安全教育：通过现场 BIM 模型和虚拟危险源的结合，让工人可以走进真实的虚拟现实场景中，通过沉浸式和互动式体验让体验者得到更深刻的安全意识教育以提升全员的生产安全意识水平，沉浸式多场景（火灾、触电等）安全教育，让人身临其境，替代传统说教式安全教育。

⑤ AI 人工智能：利用智慧工地平台 AI 智能算法，可通过摄像头对现场的不安全行为如未佩戴安全帽、未佩戴口罩、吸烟、未穿反光背心、人员聚集等情况自动判别捕捉并提醒现场不规范行为，留存数据记录。

图 8-24 人工智能识别

⑥ 视频监控：施工场地实现视频全覆盖，24 小时实时拍摄施工现场及项目重点部位情况，对人、材、机动态进行监控，视频监控画面实时在智慧工地平台及公司总部平台端查看，并且可保存回放 45 天监控数据。

⑦ 质量管理

现场质量工程师在例行检查过程中，针对质量问题，通过手机直接拍照并填写质量问题，系统自动推送给相关整改人。整改人接到相关隐患整改通知后，对相关隐患进行整改，

由复查人核实后决定是否完成问题闭环。以此为基础通过信息化手段实现现场质量检查、整改、复查等业务智能流转。通过系统建立施工企业质量管理数据仓库。

(4) 人员管理

项目部及各工区劳资专管员通过劳务实名制系统，对入场人员进行进场登记自动建立劳务人员档案。通过劳务实名制管理系统对项目分包劳务人员进行动态管控，保障项目良性用工，每月导出工人考勤，作为工资发放依据，避免劳资纠纷问题。

单元综合考核

1. 智慧工地管理系统中通常包含哪些主要的子系统？简要说明每个子系统的功能。
2. 简述 BIM 技术在智慧工地管理中的应用价值。

参考文献

[1] 沈福煦.建筑学概论(增补版)[M].上海:上海人民美术出版社,2021.

[2] 夏玲涛,郭京虹,建筑构造与识图[M].2版.北京:机械工业出版社,2019.

[3] 中华人民共和国住房和城乡建设部,民用建筑设计统一标准:GB 50532—2019[S].北京:中国建筑工业出版社,2019.

[4] 中华人民共和国住房和城乡建设部.建筑业10项新技术(2017版)[M].北京:中国建筑工业出版社,2017.

[5] 中华人民共和国住房和城乡建设部,建筑工程施工质量验收统一标准:GB 50300—2013[S].北京:中国建筑工业出版社,2014.

[6] 中华人民共和国住房和城乡建设部,建筑施工组织设计规范:GB/T 50502—2009[S].北京:中国建筑工业出版社,2014.

[7] 中华人民共和国建设部,施工现场临时用电安全技术规范:JGJ 46—2005[S].北京:中国建筑工业出版社,2005.

[8] 中华人民共和国住房和城乡建设部,混凝土结构工程施工质量验收规范:GB 50204—2015[S].北京:中国建筑工业出版社,2015.

[9] 杜修力,刘占省,赵研.智能建造概论[M].北京:中国建筑工业出版社,2021.

[10] 尤志嘉,吴琛,郑莲琼,智能建造概论[M].北京:中国建材工业出版社,2021.

[11] 刘文峰,廖维张,胡晨斌,智能建造概论[M].北京:北京大学出版社,2021.

[12] 毛超,周雨,智能建造产业的核心企业供应链组织结构解析[J].建筑经济,2021,42(04):14-18.

[13] 王国豫等.科学技术伦理的跨文化对话[M].北京:科学出版社,2009.

[14] 张永强.工程伦理学[M].北京:北京理工大学出版社,2011.

[15] 王玉岚,工程伦理与案例分析[M].北京:知识产权出版社,2020.

[16] 徐海涛,工程伦理[M].北京:电子工业出版社,2020.

[17] 张嵩,工程伦理学[M].大连:大连理工大学出版社,2015.

[18] 李正风等,工程伦理[M].北京:清华大学出版社,2016.

[19] 中华人民共和国住房和城乡建设部,建筑与市政工程施工现场专业人员职业标准:JGJ/T 250—2011[S].北京:中国建筑工业出版社,2012.

[20] 中华人民共和国住房和城乡建设部.建筑信息模型应用统一标准:GB/T 51212—2016

[S]. 北京:中国建筑工业出版社,2017.

[21] 毛超,刘贵文等. 智慧建造概论[M]. 重庆:重庆大学出版社,2022.

[22] 中国工程建设标准化协会. 智慧工地管理标准:T/CECS 651—2019[S]. 北京:中国计划出版社,2020.

[23] 沙玲,魏春石等. 智能建造导论[M]. 北京:中国建筑工业出版社,2023.

[24] 中国建筑科学研究院.2020年中国建筑工业化发展报告[R]. 北京:中国建筑工业出版社,2020.